建筑新人赛
2019
CHINA
东南·中国

主　编
张　嵩　唐　斌　张　愚

编委会
葛　明　韩冬青
唐　斌　张　敏
张　嵩　张　愚

2019 CHINA 东南中国

建筑新人赛

HABITATION AND NATURE

SEU : Chinese Contest Of Rookies Award For Archi Students

东南大学出版社·南京

2019 CHINA 东南中国 建筑新人赛

SEU : Chinese Contest Of Rookies Award For Archi Students

- 1 写在前面   002
  01 The Very Beginning

- 2 评委寄语   012
  02 Words of Juries

- 3 优秀作品   028
  03 Works of Excellence

- 4 竞赛花絮   148
  04 Titbits of Competition

- 5 竞赛名录   172
  05 Lists of Participants

01 写在前面
The Very Beginning

真实的相遇

2019 东南·中国建筑新人赛回顾
Real Encounter
Review of the 2019 Competition of China Architectural Rookies at Southeast University

张愚，张嵩
ZHANG Yu, ZHANG Song
作者单位：东南大学建筑学院

一年一度的东南·中国建筑新人赛在2019年盛夏时分如约而至。今年初赛共收到全国110所建筑院校的1493份学生作品，经过来自41所建筑院校的130位教师在线匿名评审，100个优秀作品脱颖而出，进入8月16—18日在东南大学举行的复赛。复赛评委会主席为香港大学教授王维仁，评委包括直向建筑设计事务所合伙人董功、东南大学教授韩冬青、同济大学教授李立、北京建筑大学教授穆钧、湖南大学教授魏春雨、阿科米星建筑

图1 决赛选手与评委合影

设计事务所合伙人庄慎。评委们17日上午与前100名选手面对面交流后，投票选出前16名，下午通过12个优秀作品的公开答辩，选出中国美术学院吴昉音和同济大学李若帆同学为前2名，她们将作为中国赛区代表参加今年的亚洲建筑新人赛总决赛。

1.赛事数据统计

1.1 初赛：影响力持续增加、一年级投稿明显增多

从投稿作品数量来看，新人赛影响力逐年增加。今年初赛参与学校比去年增加20.88%，投稿作品数量比去年增加29.49%。今年初赛投稿作品仍然以三年级最多，占比42%（去年44%），二年级次之，占比35%（去年38%），一年级投稿大幅增加，占比23%（去年18%）。

1.2 复赛（前100名）覆盖面更广

今年入选前100名的作品总共来自47个学校（去年35个），体现出更大的覆盖面。其中，进入复赛作品最多的是重庆大学（11个）、天津大学（10个）、东南大学（7个）、西安建筑科技大学（6个），大部分学校仅有1~2个作品入选。（图2）

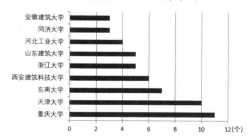

有两个作品入选的学校有：西北工业大学、深圳大学、清华大学、华南理工大学、合肥工业大学、哈尔滨工业大学、大连理工大学、北京建筑大学。

有一个作品入选的学校有：中南林业科技大学、中南大学、中国美术学院、中国矿业大学、郑州大学、浙江工业大学、长安大学、扬州大学、烟台大学、西南交通大学、西交利物浦大学、武汉理工大学、武汉大学、天津大学仁爱学院、苏州大学、厦门大学、青岛理工大学、南京大学、南京工程学院、南京大学、南昌大学、昆明理工大学、济南大学、华中科技大学、华侨大学、华北水利水电大学、湖南大学、河南理工大学、广东工业大学、北京交通大学

图2　TOP100作品来源高校分布

1.3 前100名作品题目：以复杂城市环境、居住类、中型作品为主，自由发挥减少

我们对前100名作品的题目设定做了统计分析：

（1）从基地类型来看，复杂城市环境、校园环境及乡村环境类基地占比明显上升，均创近三年新高，尤其是复杂城市环境（占比44%）成为最主要的基地类型，从中可以看到当前城市发展进入存量更新时代的现实需求（表1）。

（2）从功能类型来看，居住类、活动中心一直是前100名作品中最多的两种类型，居住类在一、二年

级较多，而活动中心在二、三年级占比更高。今年居住类作品占比明显上升，达到29%（去年25%、前年22%），这或许与今年的竞赛主题"自然和人居"有关（表2）。

（3）从作业规模来看，一年级均为小品类及小型建筑，随着年级增长，建筑规模不断扩大，类型也逐渐增多，但即使到三年级，仍然以中型作品为主（62%），设计作业的复杂度得到控制（表3）。

（4）从任务书预留的基地自选、功能自拟、主题自定等可自由发挥项来说，仍然与往年一样，随着年级的增长，可自由发挥的题目相对减少。值得注意的是，今年入选前100的一、二、三年级作品，其任务书存在"自由发挥项"的占比分别为45%、45%、32%，明显少于去年（分别为60%、56%、38%）。

表1 TOP100各年级作品基地类型分布

	复杂城市环境	校园环境	大自然环境	无明显特征	历史街区	乡村环境	滨水邻水	风景度假类	山地
一年级	10%	35%	15%	40%	/	/	/	/	/
二年级	43%	6%	3%	3%	15%	15%	6%	6%	3%
三年级	50%	15%	4%	2%	6%	11%	0%	6%	6%

表2 TOP100各年级作品功能类型分布

	居住类	空间小品	工作室	景观建筑	活动中心	展览	城市综合体	改扩建	教育建筑	观演建筑
一年级	30%	40%	20%	5%	5%	/	/	/	/	/
二年级	30%	/	/	3%	34%	9%	6%	/	18%	/
三年级	28%	/	2%	2%	23%	17%	9%	11%	6%	2%

表3 TOP100各年级作品规模分布

	小品类	小型	中型	小型建筑群	大型	城市设计	高层
一年级	85%	15%	/	/	/	/	/
二年级	6%	33%	58%	3%	/	/	/
三年级	/	4%	62%	15%	6%	4%	9%

2. 作品评析与教学反思

新人赛通过设计作品的展示和交流发现优秀建筑新人，同时，作品背后教案的设置和站位往往在很大程度上决定了设计作品的质量和建筑新人的思考维度。下面结合现场观察和评委意见，从选手素养、设计教案和设计作品这三个方面简析今年新人赛的特点和问题，并反思在教学和赛制等方面的不足和改进。

2.1 基本功和基本意识

新人赛直接面向本科低年级建筑学生，所以不少评委将选手的基本功作为一项基本评判标准。评委们不仅关注图纸和模型的本身质量，同时也关注图纸和模型能否作为一种思维工具，相互配合、高度合一地表达和推进设计概念。中国美术学院吴昉音同学的作品《五行园——阶房》，其手工制作的模型精确体现了可变空间及其与园林生活场景的关联（图3），这种表达是激光切割板制作的模型所不能替代的。多位评委指出，今年前100名作品中，不少作品的模型质量逊于图纸。这可能由于初赛为网络评审，评委们主要通过屏幕上的图纸来进行评判，未能将模型一并纳入评判体系。今后初赛将对此做出改进。

除了狭义的图纸和模型基本功外，评委们同样关注建筑学基本意识的培养：是否具有观察自然、体悟生活的敏锐性和同理心，是否能够理解建筑与人们使用的关系，并将感知体验与理性思考有机结合，共同沉淀为有意义的设计作品。例如，同济大学李若帆同学通过对上海里弄小区居民日常生活的研究，设计出有温度的社会性建筑（见第3章"优秀作品选"）；深圳大学李心韵同学将对"光、水、风"等自然元素的体验融入自己的设计，营造出静谧闲适的空间氛围。

图3 中国美术学院吴昉音同学手工模型

他们都获得评委的高度评价（图4）。

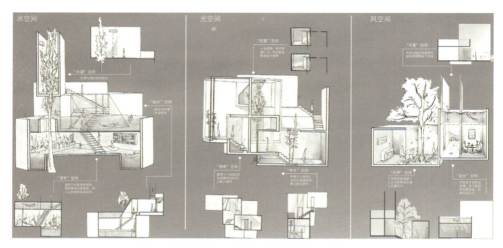

图4 深圳大学李心韵作品《山间之朝暮》

另外，新人赛是低年级建筑设计学生自我展示的舞台。在复赛中设置了多个评委与选手直接交流的环节，因此，评委的评判不只是针对作品本身，更是在与设计者交流过程中所做的综合评价（图5）。这种交流正是未来建筑师的必备能力。

总之，如韩冬青老师所说，基本功和基本意识的培养"既是一种规训的过程，又是一种开发个体潜质的过程"，能够为学生打开更宽广的视野。

图5 评委与选手直接交流

2.2 经典教案与反复获奖

学生是新人赛的主角，但新人赛并非学生个人能力的单独表演——好作品的背后往往有着优秀教案的支撑。王维仁老师积极评价道，不少作品能看出来"设计教学上有一种清楚的方法学"。例如，顾大庆老师领衔的东南大学一年级设计教学改革，面向大类招生的基础训练，设置跨专业、跨尺度、跨媒介的精细化教学体系，第一年尝试的新教案就有2个作品进入前16名。

不少高校都在积极探索特色鲜明的教案。比较突出的尝试，包括西安建筑科技大学、中国美术学院、天津大学等，有的精心设置切入建筑的视角，有的适度强化某些方面的特征，充分激发学生的创作激情。部分教案指导下的学生作品多次获奖。今年前16名作品中有9个作品与前几年获奖作品出自相同教案，包括天津大学《东京天神町高层住宅设计》，西安建筑科技大学《从茶到室》《客舍》，北京建筑大学《书院：学生宿舍综合体设计》，东南大学《大学生服务中心（改建）设计》，山东建筑大学《独立住宅设计》等，获奖重合度创下纪录。这表明，优秀教案的不懈坚持可以让学生作品不断推陈出新；另一方面，我们希望看到教学上的新探索，为优秀作品的脱颖而出打开思路。

新人赛前100名作品的选题呈现出很大的多样性，除了类型、规模、选址等差别之外,尤其是部分直面社会现实的选题得到了评委的高度评价。但部分教案仍有趋同现象，或者能看到某种脉络关系。例如，顾大庆老师在香港中文大学主持的全国青年教师研习营持续近10年，参与的教师会将其所学融入自己的教案中，因此这些年的不少低年级获奖作品明显带有"研习营"的影子；我们欣喜地看到，北京建筑大学三年级《书院：学生宿舍综合体设计》在研习营设计操作方法的基础上做了进一步延伸和转化，探索出体现高年级综合设计特点的教案，其学生作品在去年和今年都获得了评委的高度评价。

2.3 "拔尖作品"与真实的自发性

应当说，今年进入复赛的前100名作品不乏佳作，但有评委直言，其中能代表全国性竞赛最高水准的拔尖作品较少。这个问题涉及两方面因素：

（1）新人赛作品来自学生的自发投稿，而且要求是其本学年真实的课程作业，不是专门为了竞赛而精心准备的作品，因此这种真实性必然难以保证最高水准。新人赛希望呈现建筑新人鲜活的创造性和成长的真实状态，重视奇思妙想胜过对于作品成熟完美的追求。这也与庄慎老师的观点不谋而合：很成熟的空间与形式训练会较早地规范与定型学生对于建筑设计的个性发展。新人赛虽然名为竞赛，但期望回归日常教学成果的交流，弱化竞赛氛围。

（2）新人赛实行海选制度，今年初赛的竞争尤为激烈，只有不到7%的投稿作品能进入复赛，因此大量海选作品稀释了优秀作品，选拔机制需要最大限度地避免淘汰佳作。目前初赛由三位评委分别匿名评审，取均分决定是否出线，所以偶然性比较大，可能很有创意的作品，只要有一位评委不欣赏，就几乎不可能进入复赛了。我们明年将对初评评委遴选、初评打分规则以及排序方法等都进行优化调整，争取减少优秀作品的流失。

总之，新人赛鼓励学生真实作业的自发交流，对规则内的各类投稿兼收并蓄，追求但不苛求"拔尖作品"。

3. 赛事宗旨与活动组织

东南·中国建筑新人赛始终秉持"自主、开放、交流"的宗旨，坚持"学生自行组织、学生作业自由投稿、现场答辩揭晓结果"的原则，为低年级建筑设计学生提供交流平台。

3.1 学生自主

新人赛是主要由学生自行组织的竞赛，相关教师只提供必要的指导。经过6年的发展，东南大学的学生志愿者已经形成了较为严密的组织体系和良好的团队交替机制，从前期宣传、活动策划，到网评系统运维、赛事答疑，再到师生接待、现场组织，都被学生们安排得井井有条。另一方面，我们希望参加新人赛的学生也能自主投稿，自行交流，并不需要院系层面过于严密的组织。

3.2 开放透明

新人赛全过程开放透明。2019年8月16日新人赛对6位评委的精彩讲座进行了网络直播，让大家对评委有更加直观的了解。8月17日上午在选手与评委面对面充分交流后，评委通过不同颜色的标签投票选出晋级作品；每位选手都可以看到自己获得几票，并通过标签颜色获知是哪位评委给自己投的票。下午的决赛答辩不但面向所有现场师生，而且进行网络直播。前2名由7位评委分别公开投票选出，并现场说明选择理由。在条件许可的前提下，明年会将开放透明进一步延伸到网评阶段。

3.3 重在交流

新人赛是建筑学子站在前台的交流盛会。新人赛的一大特色，就是能够让学生与作为评委的业界顶级专家面对面交流，评委和选手都对这种竞赛模式高度肯定。为不断创造机会让选手之间，师生之间，以及选手与建筑师之间产生更多互动，今年策划了各种活动：不但延续了去年的学生沙龙，邀请组委会老师对参与选手进行方案点评，而且结合着本次竞赛主题"自然与人居"新策划了"滨海部落"石膏制作体验、"镜中筑"艺术装置制作（图6）以及"镜中境"摄影展活动（图7），供参赛选手自由选择。实际参与各类活动的选手占复赛选手的近70%。此外，8月18日还组织开展了先进建材工厂和优秀建筑参观考察活动。

在决赛前一天下午，董功老师在讲座中提及自己当年上大学时与另一位决赛评委李立老师，正是在一次全国建筑学生交流活动中相识，当年的画面恍如台下汇聚于现场的各校建筑新人。很多选手在赛后都谈到过这个难忘的场面。新人赛不只在于名次的角逐，也不仅是建筑知识的传递，更是一种自主交流中的滋养和熏陶。选手们在新人赛相遇，心中种下梦想，彼此激励，更加清晰地看到自己的明天。

图6　参赛选手与志愿者合作完成的"镜中筑"艺术装置（200厘米×34厘米）

图7　"镜中境"摄影展活动

02 评委寄语
Words of Juries

SEU : Chinese Contest Of Rookies Award For Archi Students

1 写在前面　2 评委寄语　3 优秀作品　4 竞赛花絮

王维仁

王维仁建筑研究室主持人
美国 TAC 建筑师事务所协同主持人
香港大学建筑系教授
香港大学明德基金李景勋建筑设计教授

Q：在整个评图答辩的过程中，哪些作业给您留下了比较深刻的印象？

A：好的作业有很多，我分类别来讲讲吧。

有几类的题目给我留下了比较深刻的印象，是因为：这一类题目，表现出这个学校，或者说指导老师，在设计教学上有一种清楚的方法学。

比如说东南大学的一种教学方法：用体块这样的形式与建筑元素相结合，来形成一个实体与空间的关系，进而形成一个简单的建筑项目。而这种练习下呈现的几个作品，让我很清楚地看到了这种方法学：这是低年级阶段的一种操作方法。

而在二、三年级阶段，我也看到一些很传统的题目。比如说，北京建筑大学关于宿舍的作业：宿舍房间不是很多，所以你可以很简单地整理出功能与形式；或是将空间划分为私密的、公共的等等，这个是属于比较接近中国实际的建造状态的一种练习，我觉得也是一种有效的方法。因为它可以把建筑学的基本问题：功能、结构、美学、空间组织的关系等比较清晰地表达出来。通过这个练习的作业，可以看出，同学们在这种方法指导下,都达到异曲同工的成效。

还有的同学引起我的注意则是因为他们个人的方式风格。比如说，有位同学设计的两个人的住宅，是非常个人化的东西，那其实是非常浓郁的美国 20 世纪 80 年代 John Hadden 这种喃喃自语的建筑风格，我并不是批评的意思，而是欣赏她所表达的，或多或少地，对场地、情境、人的思想的比较深刻的感受。我觉得这也是很好的。在这里面，你可以看出学生个人的想法与理解，或许是通过阅读所获得的，又或许是通过指导老师。但多多少少，是有学生自己的体悟在设计之中的。

还有，比如说东京的高层住宅设计，这个显然是有一套方法的，甚至是还有一定的语境的。那么基于这种方法，大家就会去做出变化或者说找到不同的题目。而这套方法本来是一个高层的逻辑，就是重力、楼梯、结构等这些问题，以及对产生的空间及空间的逻辑的考量。而这次作业，有一个同学在其中带入了树，一下子就打破了老师的问题，并且带出了一种新的生命力，我觉得挺好的。

Q：请问您如何看待建筑新人赛这种只面向大一、大二、大三的学生的竞赛模式呢？

A：我觉得挺好的，我想这也是主办单位思考了很久的选择：规避大四、大五作业比较复杂的问题，更为纯粹地探讨建筑本身的问题、建筑本身的知识体系，包括建筑结构、美学等。

当然，建筑也有很多外部的问题，比如说，建筑与城市的关系、建筑与生态的关系、建筑与社会的关系、建筑与政治的关系等等。生态当然是最开始学习的时候就要考虑的，而除了生态，别的这些关系也很重要。

比如说，如果是在台湾、香港等地区，很多题目都会谈及建筑与政治的关系，这个政治不是狭义上的政治，而是一种对这个时代，对一种意识形态的批判与反省，这是一类很普遍的题目。

还有一类题目则是：建筑不单只是作为建筑本身，还作为一个基础建设的一部分，这里面会结合到工程、生态等，即把建筑跨出这个领域。因为在其他领域你会发现，他们对建筑的影响，对环境的影响，往往远远超过一栋博物馆所带给我们的。那建筑师会对社会产生什么样的影响，在我看来也很重要。这些虽然不对低年级有所考量，但我认为还是值得关注的。

回到这个问题本身，关于这个比赛，我觉得，它更关注建筑设计的基础。而所有好的建筑师，理应在低年级都要经历过这些基础的设计，才开始具备一身武艺，进而再去寻找个人风格，寻找个人定位，这是这个比赛的特色。

董功

直向建筑设计事务所创始人、主持建筑师
清华大学建筑学院设计导师
美国伊利诺伊大学荣誉教授

Q：您对新人赛的总体印象如何？您认为新人赛还有哪些不足的地方？

A：首先，我觉得新人赛比较成功的地方是它的赛制。参赛作品是以学校为单位筛选推荐，或者由学生自发投稿，这从某种程度上真实反映了目前国内建筑院校的整体教学水准。我认为这次比赛另外比较突出的一点是它的多样性。从课题的选择，到建筑切入的方式；从设计强调的社会性、政治性，再到建筑学本体，并且这种多样性更能够做到一个专业水准之上，这是我对这一届的一个特别的印象。

另一方面，我认为最尖儿上的，也就是最后入选前16名的学生，虽然是来自一到三年级，但是离一个绝对高水平的作业水准还有一定差距。如果与世界范围内，有着最好的建筑教育的院校学生作业相比，我觉得在三年级时可以达到的水准，或者说好作业的数量应该更密集一些。

Q：在图纸、模型或者多媒体等众多表达方式中，您更青睐于哪一种呢？

A：从表达方式上讲，现在的学生对于手绘和手工模型制作的能力普遍是相对缺失的，他们大部分的作业都是用电脑完成的，即使是模型也是通过电脑画图、数字切割再粘出来的。我认为造成这个现状的原因不是学生的问题，而是全国范围内在教学大纲方面的问题。我急切呼吁本科教育可以更多地去训练学生亲自动手、进行手绘和手工制作模型的能力，用实际的模型和手绘去表达三维的空间，而不要过多依赖电脑渲染。在某种程度上，在学业早期过于依赖电脑还是一个挺严重的问题。

Q：您对新人赛的作品有什么评价标准吗？

A：在我看来，好的作品通常包含以下几个特征，比如有对建筑学的基本认知，有相对独立的思考，有设计的完整性，等等。我觉得这些是构成一个好的作品或者好的学生作品的几个要素。我的评价是一个综合的评价，我不会因为一味地特立独行而给出高分。

Q：您有没有印象很深刻的作品，它为什么使您印象深刻？

A：令我印象比较深刻的一个作业是中国美术学院王澍老师教的一个学生的作业，她做的是一个活动的、像家具一样的建筑。

我认为这个作品里面包含了一个对社会提出的问题。一方面，什么是品质？当我们处于一个商业消费主义盛行的时代时，奢侈、大而不当的空间比比皆是，而一个小的空间、和人有更亲密属性的空间，是不是就没有品质呢？我觉得这是一个关涉价值观的问题。

另一方面，这种建筑的家具化会让建筑和人身体产生更密切的互动，建筑空间最终变成人身体的一种延伸。我个人对这些很感兴趣。

庄慎

阿科米星建筑设计事务所合伙创始人、主持建筑师
国家一级注册建筑师
同济大学建筑与城市规划学院客座教授

Q：您看到这些模型与图纸的第一感觉是什么？

A：第一感觉是多样性，作品来自三个年级与不同的学校，不同的课题，不同的类型。这个感觉很好很特别，这是一次十八般武艺争锋的竞赛与交流。

Q：这100个作品中有没有很吸引您的作品？印象比较深刻的是什么？

A：有不少呢，有些作品是关注城市问题的，有些是关注建筑本体的，有些是关注社区生活的，有些是关注空间操作的。这些一至三年级学生的作业呈现出来的设计的综合度、复杂度还是很让我惊讶的，这么快就能掌握复杂设计的综合技巧了。

当然从另一方面，我也会担忧，过于成熟的空间与形式训练，也会较早地规限与定型学生对于建筑设计的个性发展。

Q：您觉得一个吸引人的模型或图纸应该是什么样的？

A：清晰的概念，简洁的表达，

引人琢磨思考的设计。竞赛中的模型与图纸是一种沉默的交流，互动性很重要。

Q：有什么细节与角度是出图者比较忽视而评委比较看重的？

A：竞赛的展示与平时作业的评定展示不同，竞赛的评审模式比较快，评委会快速浏览，这和老师日常评图有更多时间不同。所以作品的表达要首先传递出明确的意向，使评委能关注到你的设计意图与核心，同时有简洁清晰的下一层面的介绍，可以让评委进一步理解设计。

Q：您觉得理想中的新人赛应该呈现一个什么样的面貌？

A：我觉得这个新人赛的模式还是很理想的，最终的评审学生与老师都会来，我看到在此期间有各校的老师通过观摩来研究教学的，还有安排的讲座与交流活动，这形成的相互学习与交流比竞赛的结果重要得多。

Q：您觉得像这样挑选本学年的作业作品比较好，还是统一一个任务书来设计比较好？

A：我觉得挑选本学年作业的形式比统一的任务书好，因为这是对于学校设计教学的一个促进，这些作业是日常教学的课题，是老师指导教学和学生学习的一个成果，这里既有学生的学习展示，又有老师的教学心血。这就形成了对于设计教学的鼓励。

Q：有什么话想对建筑新学人说的吗？

A：我个人的建议是学建筑设计需要学好基本功，在学习中发现自己对设计的敏锐度在哪个方面；理解建筑在社会经济文化体系里的作用；理解建筑与人们使用的关系。

- 1 写在前面
- 2 评委寄语
- 3 优秀作品
- 4 竞赛花絮

李立

若本建筑工作室主持建筑师
同济大学建筑与城市规划学院教授、博士生导师

Q：本次比赛中有没有打动您的作品？它们的哪些特质打动了您？

A：因为我是从高年级看到低年级，我总的看下来，有一种特别欣喜的感觉，高年级学生更加成熟，但另一方面也更圆熟了，还是低年级可以说是稚嫩的形式感最打动我。

有几个方向我比较喜欢，一年级清新质朴的形式感；二年级理性的形式感已经建立，空间更加清晰通透；三年级直面社会问题，比如老建筑的改造扩建，还有一些有城市属性的建筑，这些方向我都比较感兴趣。

Q：您任教多年，感觉这些年学生的作业有什么变化吗？

A：总体来看各个学校都在积极探索教案，有些比较突出的尝试，比如西安建筑科技大学、中国美术学院、天津大学等，适度强化了某些作业特征，题目讨巧。比如说天津大学的高层住宅，作业题目比较巧妙，出来的成果也会很有吸引力。

另外，直面社会问题的题目很重要。过去见到的很多都是一些纪念性建筑、博物馆建筑，今天的中国社会面对大量的现实问题，比如存量改造，老街区、历史建筑整治等，这次也看到一些这方面的作业，我觉得这是很好的方向，设计课作业要和社会现实紧密结合起来，不能太孤高。

Q：您认为不同院校的建筑教学对选手呈现的结果有影响吗？

A：我认为有影响。对于比较成熟的院校，比如"建筑老八校"，有些题目比较成熟，教学架构也相对完善，所以学生根据成熟的教学方法做出的东西质量会得到保障。

另一方面，一些新兴的院校，在教学上没有什么包袱，敢于大胆尝试，一些题目很有新意，学生的作业成果也很有意思。

Q：您在投票的过程中更注重哪些方面？

A：首先是概念表达，与选手交流时发现很多选手表达不够清晰。有些学生模型很吸引人，但是图纸不行，堆了很多无效或大量重复的图，不愿割舍。好的作业应该是学生不用说话，让图和模型说话，这是最直截了当的。

因此，我最终选择的其中一个重要标准就是图和模型要高度合一，概念突出。除此之外就是形式感和基本功，光有概念不行，是否掌握老师教授的设计方法也很重要。概念、设计方法、清晰表达，这三者缺一不可。

Q：您认为本次新人赛有什么好的地方或者需要改进的地方？

A：今年的新人赛我听说征集了将近一千五百份作业，我觉得这是很好的。通过这个活动能有效地促进各个学校在建筑教学方面的讨论和年度的总结。至于改进的地方，我认为是要及时总结，不能每次评完图，决出得奖者就结束了。新人赛将大部分学校的老师都聚在了一起，因此要抓住这个机会及时研讨。通过新人赛冒出的苗头，大家及时总结，看有没有好的做法值得推广到全国的建筑教学，这样新人赛的目的就圆满了，不然就像是一个选美活动。

我们的根本目的应该是要推动建筑教学有一个健康持续的发展，以及跟社会的紧密互动，让学生的所学将来能有所用。

穆钧

北京建筑大学教授、博士生导师
中国建筑学会生土建筑分会常务理事

Q：您在评审过程中投票的标准是什么？

A：不敢叫标准吧，更多是在于我们作为老师或者说作为建筑师，所看到大家的一些努力的点在哪里。这里面有一到三年级3个年级的学生，他们学习的基础和精力是不同的。

从我个人而言，我更在意是他在他所处的这个年级、这个学习阶段，给他这样一个课题，他是如何来应对其面临的各种设计上的难题，或者说这个设计所需要解决的一些问题，他是如何去应对、解答的。

在这里面我更在意的是他如何通过思考，运用他已经具备的设计工具和知识，来应对各种问题，并找到一个最适宜的解决方案。

Q：有哪些作品给您留下了深刻的印象？

A：同济大学李若帆同学的《里弄空间生长》是我印象最深的。看上去是一个好像不大的建筑，但是她尝试着把社区的需求和本身住户的居住需求，即公共需求和个人需求，用竖向的方式很好地解决了。看似是一个很简单的设计，但是里面蕴含着她对很多方面考虑的内容。

这里面细细推敲的话是有很多难点。她用一个相对比较轻松的方式，找到一个比较恰当的解决方法。从周边的空间也好，还是从公共空间和私密空间之间的相互关系，我觉得相对来说是比较好的。

Q：您在评审过程中发现什么普

遍存在或令人在意的问题吗？

A：是有一些作品能表现出问题来的，这个问题放在各个学校之中也比较普遍，就是一些学生是从所谓眼睛能看到的东西来切入。换句话说，可能有个别学生更在意的是眼睛能看到的东西，而对于利用建筑这样一个介质，还能去应对什么问题、解决什么问题，这方面的思考是比较欠缺的。

Q：在您看来，从低年级到高年级有哪些转变？应该如何完成？

A：可能好多老师都有一个共同的体会，就是越往低年级看越高兴。因为低年级了解的关于技术的、规范的相关东西较少，所以他对于思考空间、功能，还有形式的束缚也少，所以他的open mind（开放性思维）表现得比较强烈一些。

到了高年级之后，随着他知道了很多的规范和技术，就对他的open mind带来一些束缚和限制。这就是对高年级学生的一个挑战：如何综合地去考虑所有方面的要素，去找到那样一个平衡点。低年级更多通过感知体验来去做设计，到高年级更需要的则是通过思考、通过分析，尤其通过一些理性的分析去做设计。这个在我看来是特别重要的一个转变过程。

在这里的话，像刚才我提到的，同济大学李若帆同学的《里弄空间生长》，就比较好地体现了这样一个良性的转变。

Q：您怎么看待当今学生学习建筑的环境？

A：物理环境，现在大家肯定是远远好过我们当年的那个环境。而从社会环境来说，因为互联网的高速发展和各种信息爆炸，大家获取的营养或者获取知识的资源确实太丰富了。这是好的一面，但是有挑战的方面也恰恰来源于此。

我们的社会越来越多元，我们看到的各种网上的资源也非常多元，那么就存在着一个价值观的多元。我们每个学生面对这些很多元的价值观的时候，是比以前有更多营养，但是如何从中来确立自己的价值观，尤其是设计的价值观，这可能会比以前的学生要更难。过去大家的教育、舆论，包括整个建筑圈，大家的追求相对来说还是比较简单。

1 写在前面　2 评委寄语　3 优秀作品　4 竞赛花絮

魏春雨

湖南大学建筑学院院长、教授、博士生导师
中国建筑学会理事会理事

Q：您对本次新人赛感觉如何？

A：总体来看，大家涉猎的类型比较多元，而且表现手法和关注的焦点也有不同，我觉得最大的一个不同是，在以往看一些竞赛的时候，总感觉比较趋同，而且似乎有比较清晰的竞赛的痕迹，而这次我看到的，就好像更加关注建筑本体，甚至很多设计不仅仅是注重表现的形式和手法，已经有了相当的深度。

Q：本次新人赛有什么让您印象比较深刻的作品吗？

A：对于低年级同学，我觉得有两个方向，一个方向，是特别源于生活，这些设计是特别有温度的，是有情怀的，这个我觉得是印象比较深刻的，比如说上海弄堂那个公共厨房的项目，虽然是弄堂里一个小小的公共厨房，但是它其实能够折射出社会学的一面，它所考虑的社会人文和社会责任感的一面，我觉得特别可贵，这个使我印象其实特别深刻。

还有一类，是在表现上有很强的思辨和抽象能力，就像中国美术学院吴昉音的那个项目，她已经有相当的抽象的能力，最令我印象深刻的是她不像一般的设计那样用一些所谓的建筑语言去堆砌，她能够把技术性和艺术性很完美地结合，这点我觉得也是挺了不起的。这两个是我觉得印象深刻的。

Q：很多人认为学校的建筑教育与日后建筑专业学生的工作是脱节的，对于这一点，您有什么看法？

A：其实这是一个老问题了，我们在学校从事建筑教育这么多年，也经常被这个问题困扰，我觉得我们中国最大的问题倒不是这个，而是我们这么多的学校，我们的建筑教育采用的是一个简单的唯一的标准。如果我们可以有些建筑教育，是培养将来到了设计公司和设计院马上能够上手的，能够解决量大面广的、一般性建筑技术问题的人才，这一类教育我觉得是可以有的，它也并不会与现实脱节。

另外一类，是根据设计的内涵和外延拓展，让学生的综合性更强，更多培养的是价值体系和理念，这一类的教育也是可以的。

甚至还有一类，是让建筑跟别的学科完全打破边界，让它们能够互相融合，那么建筑学可能就真正地能够走向广义建筑学。

所以，我觉得在这个问题之前有一个问题是更为严重的，那就是我们现在的建筑教育都是从同一种模式出来的，这才是更为可怕的。

Q：您认为一个好的作品应该有哪些特质？

A：我觉得这个好像不是太好回答，这没有一个通用的标准，我在这次评审的时候，也尽量地保持一个很多元的评判标准，我会看他这个设计的具体场景设置和目标指向，我尽量把自己置身在设计者所设定的情景中去评判。

所以我觉得设计这件事没有一个统一的标准，它没有一个公式推导，也没有一个标准答案，也正因为这样，设计才是特别有魅力的一件事情。

Q：您对建筑新人有哪些期许？

A：我希望不要随着年龄和阅历增长，把现在这种能够触及问题本质的敏锐度掩盖掉，希望能够一直保持住这种状态，能够永远做一个建筑设计路上的"新人"。

韩冬青

东南大学建筑学院教授、博士生导师
东南大学建筑设计研究院总建筑师
中国建筑学会常务理事、教育部高等学校建筑类
专业教学指导委员会秘书长

Q：请问老师之前参加过"建筑新人赛"吗？

A："建筑新人赛"已经在中国连续举办 7 年了，过去几年我都参加了这个重要的赛事。不过以前我都是作为举办方的一名代表，今年是评委。

Q：从主办方代表到评委的身份转变，您对"建筑新人赛"的作用价值的定位有什么转变吗？

A：作为主办方的工作人员之一，主要关注的是如何保障赛事活动进展顺利，做好服务。现在作为评委之一，自然更多的是关注参赛作品和参赛者的现场表现，同时向其他评委老师学习，切磋对于参赛作品的点评，也有一些延伸性的探讨。

"建筑新人赛"的直接作用当然是发现建筑新人。但"建筑新人赛"又不仅仅是一场竞赛，从比赛规则和过程看，这更像是一场交流。评选日的整个上午，评委在观摩参赛作品的过程中，同时也在倾听参赛者的介绍，回答同学的提问，其中有些问题并不与本场赛事有直接的联系，而是有关同学在日常的设计学习中遭遇的问题。下午的答辩也是如此，表面看是针对作品，其背后却涉及建筑的价值、学习的方法等议题。

这种开放性和互动性是"建筑新人赛"一个非常鲜明的特点，也是其重要的价值所在。

Q：您在评判的过程中，您的标准是什么？

A：动机、方法、结果，这是我

观察参赛作品时试图寻找的要点。设计的最终结果很直观，是吸引我驻足的首要介质，但其中所蕴含的设计操作逻辑及其背后的设计动机，会在很大程度上影响我的选择和判断。

作为评委，评选工作的首要基础是"看作品"，"看"就是与作品的对话，"建筑新人赛"还要加上倾听作者的声音，在这个交流中，直击眼睛的是"成果"，试图要理解的其实是动机和方法，如果被某个作品所打动，设计的"动机"实在是极其重要的，是设计的灵魂所在。

Q：您在竞赛过程中，有什么印象深刻的作品吗？

A：有一个作品是为音乐表演的幕后工作者设计的工作室，把这群人的日常工作场所，分为封闭的盒子和开放流动的敞厅，作者真正感兴趣的是那种作为一群人自由互动的开敞空间。这种设计动机来自其儿时在巷道里和小伙伴们玩耍的记忆。鲜明的设计意向和明晰的空间逻辑，体现了作者对"人居"的理解。

作为刚刚步入建筑学专业领域的初学者，其明确的意图和十分干练的设计逻辑给我留下了深刻的印象。

Q：对于不同学校设计任务以及风格的差别，您有什么看法？

A：新人赛的作品五彩纷呈，都是取自各校一到三年级学生的设计习作。不同的学习阶段特征自然会在作品中留有痕迹，在一定程度上反映了不同学院设计教学思想和方法的差异。

从作品本身和参赛者的自述来看，大致有两类不同的教学倾向：一类比较注重设计任务书与建筑功能类型的对应性；另一类则十分重视设计逻辑和设计操作过程的理性特征。还有一例很有个性，来自中国美院的作品，它从江南园林的意象出发，将人与景、建筑与陈设交融一体，空间单元进行动态组合，展现了设计学习中个体体验和设计操作的辩证关系，这种教学设置，可以令学生收获思辨与操作同时并进的高强度训练经验。设计教学的策略是多种多样的，不能用好与不好来简单判断。

03 优秀作品
Works of Excellence

SEU : Chinese Contest Of Rookies Award For Archi Students

里弄空间生长
——社区公共厨房与三户宅设计

李若帆

同济大学　一年级　　指导教师：李颖春

本学期进行了一系列以上海"里弄"为主题的课程训练，基于前期的里弄调研，我们选取了瑞康里在海伦路与哈尔滨路交界处的转角作为基地，先后完成公共厨房和三户宅两个设计。我将两个作业合二为一进行整体设计，一层为社区公共厨房，楼上为三户宅。公共厨房部分希望为里弄居民增加休闲聚会场所，分白天和晚上两个使用时间：白天时段是公共空间，主要服务于里弄居民；晚上时段是预约制会所，接待居民的请客聚会或外来团体的预定。三户宅是供一家三代分户居住的小住宅。三户分别为中年夫妇、子女、爷爷奶奶，各户可以独立使用和进出。

评委点评

这份作业的特点是以空间生长的观念复合两个不同功能的设计，底层水平展开的社区公共厨房和竖向组织的三户宅形成了整体。水平空间以开敞式的厨房为中心划分不同的就餐区域，垂直空间以楼梯为核心组织三代居住的小住宅，在剖面设计上发挥坡顶空间的潜力，形成层次丰富的住居空间。建筑形体回应道路转角的特点，与环境尺度实现了衔接与过渡。

——李 立

"里弄空间生长"的设计作业，采用社会学或人类学的调查方法，经由对上海里弄小区的空间肌理以及居民日常生活的了解，提出结合公共与居住两类关键的功能量体：一层的社区厨房餐厅展现了学生对邻里公共空间需求的期望；二、三层两组居住单元的交织则表达了学生对三代同堂居住需求的掌握。三个长条形斜屋顶的量体组合与高低安排，除了诠释居住的公共私密与世代关系，更为里弄建筑的街角形式提出了类型学的设计意图。一层的公共厨房量体可以进一步开放，利用室内外的弹性交错，表达新公共功能与传统里弄空间的重叠。这个作业的教学方法除了真诚而成熟地表达建筑的社会关怀，也展现了建筑类型学肌理填充 In-fill 的设计方法，在当下中国形式主义挂帅的建筑语境下异军突起，为建筑的社会性立下了成功的典范。

——王维仁

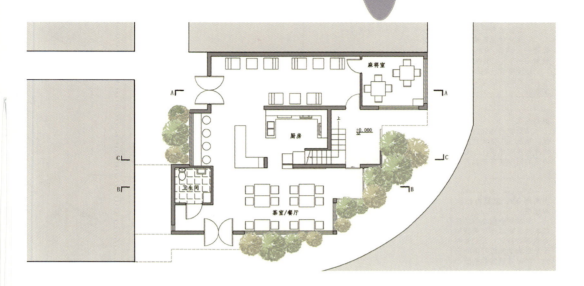
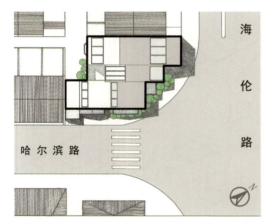
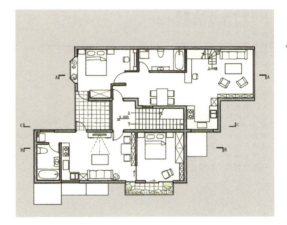
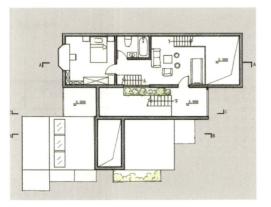
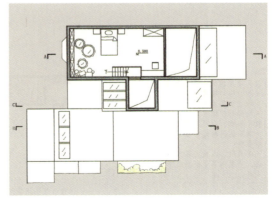

爸爸妈妈——40岁 普通职工 2F
1. 大厨房供父母和子女日常使用，也可满足三代人聚会的使用要求；
2. 通高大客厅作为家庭的核心公共空间，连接父母和子女各自的私密空间，方便父母照顾孩子，增加家庭成员的交流。

爷爷奶奶——70岁 退休 2F
1. 较独立地居住，只和中年夫妇共用阳台；
2. 喜欢读书看报、看电视：电视成为住宅的核心；
3. 喜欢种植花草：有自己的小阳台。

哥哥——14岁 初中生 3F
妹妹——8岁 小学生 4F
1. 没有自己的厨房，与父母一起吃饭；
2. 可以不经过父母的房间独立出入，有自己的小客厅用于朋友聚会。

形态生成：
顺延相邻建筑的坡屋顶，形成三个依次跌落的坡度相同的坡顶，与基地协调的同时富有变化。

空间划分3：家庭内公共与私密
斜向划分出北侧家庭聚集的通高客厅和南侧较为私密的卧室，为父母和子女创造了交流对话的空间，同时方便父母关照子女的生活。

空间划分2：交通与使用
沿南北方向将三户宅分为三个条状空间，中间部分作为楼梯间，东侧为老人住宅，西侧为中年夫妇和子女的住宅。

空间划分1：公共与私人
整座建筑分为一层的公共厨房和上层的三户宅，两种使用功能分别对应两种空间形式——公共厨房使用回形空间，三户宅使用条状空间，实现上下两种空间模式的整合。

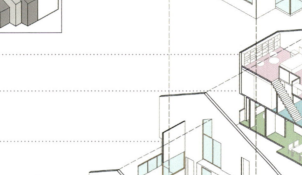

分解轴测图 1:100

白天使用模式：公共茶室
- 沙发椅和矮桌摆放
- 独立于茶室的棋牌室
- 厨房与茶柜结合，主要做备茶室，也可以做简餐
- 喝茶的同时能够看书、看电视
- 餐桌以二人桌为基本单位，可根据需要拼接成四人桌、六人桌

夜晚使用模式：预约制会所
- 沙发椅和矮桌合并，形成放映室
- 厨房用于聚会做饭，茶柜可作为操作台供更多人参与做饭
- 餐桌可以自由组合，最多可拼成十二人桌

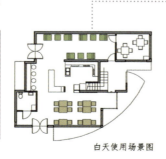

白天使用场景图

夜晚使用场景图

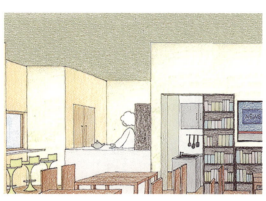

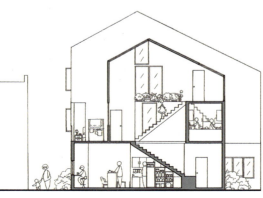

五行园——阶房

吴昉音
中国美术学院 二年级　指导教师：宋曙华

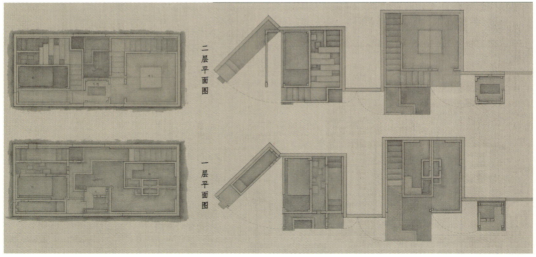

二层平面图

一层平面图

阶房的五栋房子分别对应居者"坐、卧、游、雅会、冥想"这五类基本活动。它们具有高度灵活性，既可作为单体使用也可移动组合成整体。拼合的整体包含了多种空间串联与结构的呼应，在使用上蕴含丰富的可能性。之后在以"五行园"为主题的设计基础上深化并通过抽拉嵌套等方式实现建筑空间状态变化。其间的每一种变化状态又呈现了不同的空间形式和使用方式，呼应园林中的繁与简、藏与露、内向与外向等特点，并且把由严谨模数关系带来的齐整一律与园林的节奏韵律相结合，形成自身的语言与秩序。

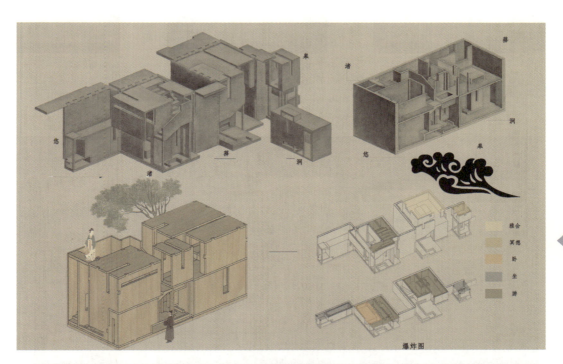

爆炸图

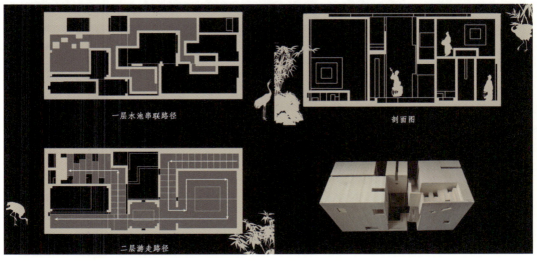

一层水池串联路径　　　　剖面图

二层游走路径

状态一
完全展开

状态二
"悠"与"渚"的嵌套通过旋转实现

状态三
两端体块旋转,改变原本平行状态,形成垂直夹角

状态四
"涧"移入"菉"中,与之咬合,一层的水池,二层桌案合并,形成雅会场所。(防止移动中建筑与底板偏移,底部无突起嵌入建筑)

状态五
"皋"旋转后与"涧"相连,使游人可通过楼梯进入冥想空间

状态六
完全闭合,原本较为分散的五行房化整为零,合而为一,呈现出完整盒子。

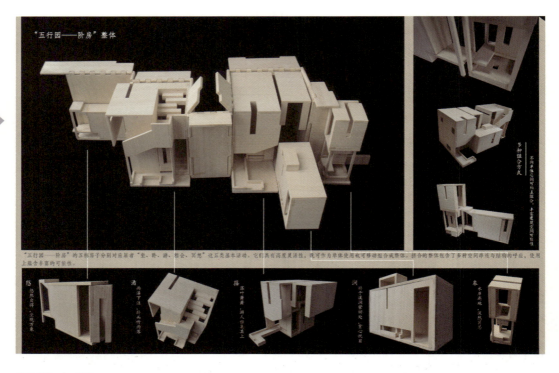

评委点评

该作品汲取江南园林的意象,空间单元对应"坐、卧、会、游、想"五种功能,人与景、建筑与陈设融汇一体,单元的动态组合策略创造了室内空间与自然环境的多样关联方式,呈现出围合与开敞、简单与多样之间的辩证性。这项设计以当代的个体视角诠释了园林在居住文化中的价值与意义,展现了人居与自然的独特意涵。

——韩冬青

　　首先，与同学交流后，我发现这是一个持续深入两学期的设计过程，设计成果向我们展示了一个纯粹的空间设计在持续性的工作下可以达到的可观深度。其次，设计的规模不大，但是该设计讨论了超越规模的空间结构与含义关系，这得益于设计的可变幻性，使形式与含义的互动产生了叠置变化，设计者很精确细微地把握组织了这一复杂的过程。最后，这是一个思辨与手作结合统一的设计，对于空间与物体的思辨性不仅讨论了形式的含义，也讨论了空间与器物的关系，更有意思的是，手作精确地体现了思辨，对于设计方法与教学是个很好的启示。

——庄慎

庭下一盏土

李贝宁
西安建筑科技大学 一年级　　指导老师：吴超 付胜刚 杨思然

　　该同学课程设计名称为"从茶到室"，所饮之茶为泾阳茯茶，从识茶开始，到观茶、喝茶及品茶，从茶的色香味形意五个层次去感知茶，最后得到设计者对茶的情感体会——庭下一盏土。设计者以茶意土，以土呈茶，希望借助土的气味与温暖感来抒发自己对茶的直观体会，进而转译成空间作为喝茶之场所。整个茶室设计希望喝茶之人能够穿梭于土壤的里里外外，在充分感受泥土气息的情境之下找到那处适合自己的喝茶之所，或拱形之内，或土台之边，或土缝之间。方案尽最大努力营造空间之间的连续性与多元性，部分空间甚至突破常规的人体尺度，让进入者更加贴近土境之内，去感知那杯茶与"土"的情绪通感，让"人""茶""土"三者之间形成一种连续。设计者的设计方案从自己的内心感受出发，表达自己最真实的心意，达到心意呈现，值得肯定。

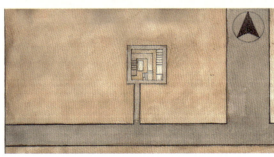

色	香	味	形	意
COLOUR	SMELLING	TASTE	SHAPE	IMPRESS

平面图1:20 PLAN

立面图1:20 ELEVATION

剖面图1:20 SECTION

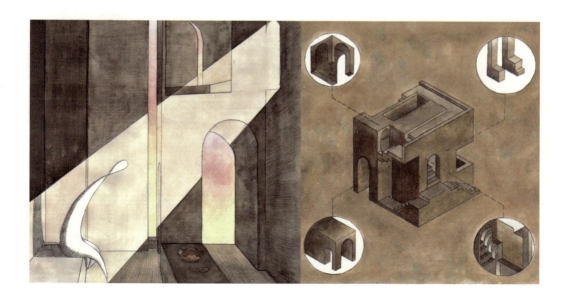

叠盒·乐屋

冯春
东南大学 一年级　　指导老师：顾震弘

建筑新人如何迅速变为相对专业的建筑设计者是建筑教育的一道世界难题，这份作业便是一份很好的答卷。设计者利用一组基本的操作方法——体块占据，用简单的逻辑创造了丰富的空间，将建筑处理得清晰而又不失变化，在这一过程中还兼顾了人体尺度、结构系统、功能流线等实际要求。最终的成果粗看平平无奇，但又处处蕴含巧思，令人回味，充分体现了建筑学的专业性。

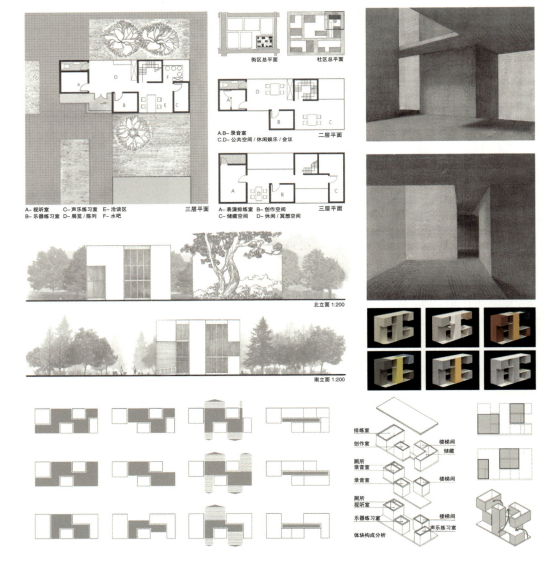

体块占据 图底部关系	堆叠成三层	调整一、三层 图底关系	调整楼板，进一步组织空间关系

录音棚

展示厅

乐器排练室

创作空间

创新科技园区公共活动中心

陈挚
东南大学 一年级　　指导老师：李京津

方案从城市外部空间和建筑内部空间两条线索展开，采用体块挖空的方式，由一层至顶层形成一个连续的"开放庭院"，将整个建筑分为实体与虚空，实体部分为私密空间，虚空部分作为公共空间向城市开放，用一部外挂楼梯串联形成连续的空间序列，每个"庭院"因地制宜，或对应入口，或与周边建筑结合形成观景平台，高低不同的"庭院"消解了建筑中"层"的概念，通过立体空间构成，将建筑"内"与"外"有机结合为一个整体。

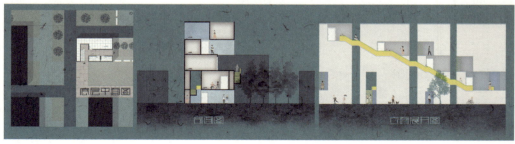

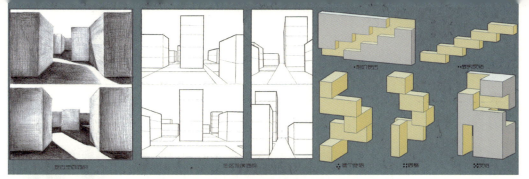

书舍设计
—— 将自然之动态融入静态建筑

李心韵

深圳大学 二年级　　　指导老师：彭小松

该方案将动态的自然元素"光、水、风"融入相对静态的建筑空间之中，营造一种返璞归真、静谧闲适的书舍空间氛围，很好地呼应了自然的山林基地校园环境。基于原有的地形地貌，设计通过空间的高低跌落、方向错位等手法，使得光、水、风得以不同形态、不同方式影响建筑的体验，引导建筑中人的活动。在空间处理上，通过对视觉、听觉、触觉等不同感官形式的研究和设计，以时间和空间的变换为线索，为使用者提供多元的自然元素感知方式，形成了多组有趣的功能场所。至此，方案设计通过较巧妙的构思和手法，在一定程度上实现了自然、建筑和人三者的融合协调、和谐共处。

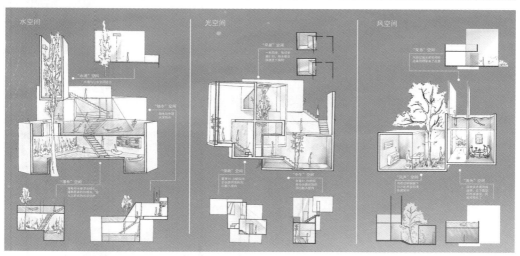

水空间 光空间 风空间

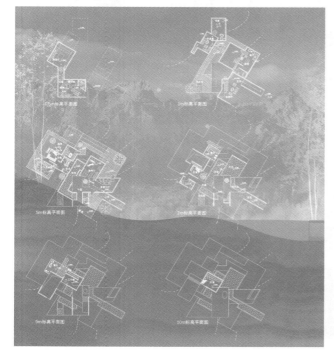

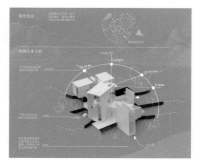

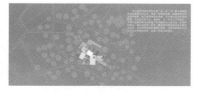

折出光阴
——工艺美术展示中心设计

胡家浩
山东建筑大学 二年级　　指导老师：高雪莹

　　该作业是二年级的工艺美术中心设计，任务书设定了四种类型的展品，每种展品各四组，需要根据展品的类别和尺寸设计相应的展览空间。

　　该方案从剖面入手，进行空间操作，折板提示了空间的连续性，为不同的展品提供了过滤的光线，也将建筑内部空间与场地进行了联系。南侧四组垂直方向的折板将奇石、古书、木工展厅进行了组织，四组版画展厅也在公共空间对面进行对应设置，形成了理性并且丰富的空间秩序。

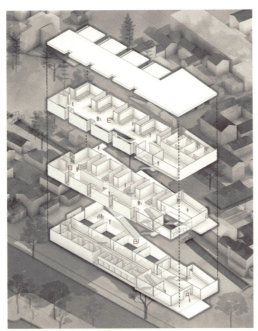

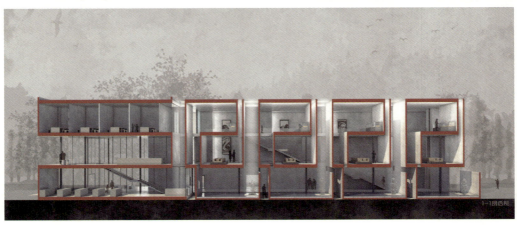

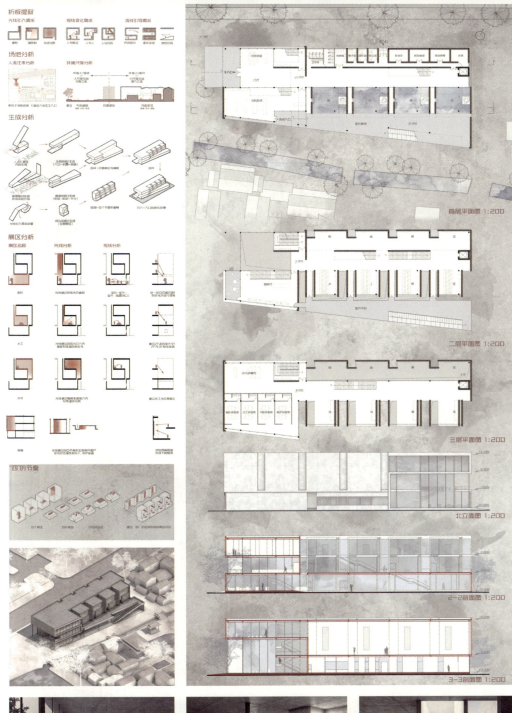

行间
——北院门小客舍设计

赵文彬

西安建筑科技大学 二年级　　指导老师：项阳 王璐 石媛

该学生在历史街区的体验中对毗邻的传统建筑和街头巷末的或真或假的坡屋顶产生兴趣。除了强烈的形式感，屋顶在东方文化里也成为了建筑文化现象的重要表征，为生活其下的人们提供了遮蔽与包容。连续变化的屋顶在与街区融合的同时也用纯粹的语言和变化的尺度回应了功能等具体问题。屋顶像一个大的遮蔽物，庭院的出现和屋顶的错动让建筑对天空不断地关闭与打开，给人们提供了丰富的明暗、虚实的空间体验。

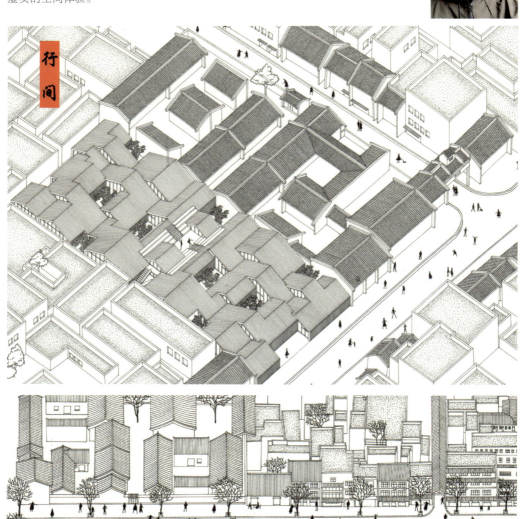

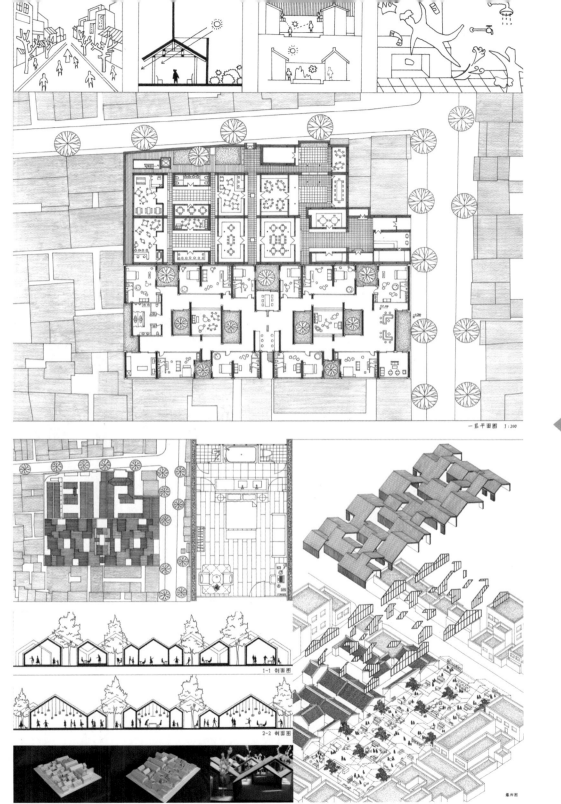

老友宅

索日
山东建筑大学 二年级　　指导老师：郑恒祥

　　从使用者行为心理因素出发的小住宅设计，以家庭为主体的行为心理要素的介入，赋予了居住空间真正的内涵。教学过程刻意强调了对居住现象与人群的认知，并要求学生将某种特殊的"家庭行为"作为设计概念。在形态生成过程中，突出了行为概念对空间形态的决定作用，而适度放松了场地、建造等因素对形态生成的"干扰"，使学生减轻"压力"，更好地进入"状态"。因此，"Y"的形态和中间的隔墙在一开始就出现了，作者强烈地认识到了它们对于行为表达的意义与潜力。随着方案深化，它们都精准地对应到闺蜜之间的种种行为之上。在形态推敲过程中，场景化描述对方案的发展也起到了至关重要的作用。场景中人物、家具、空间、场地要素有限的对话关系，随着过程性空间素描的表达，变得可观察、可推敲、可发展，最终使空间变得诗意更浓。

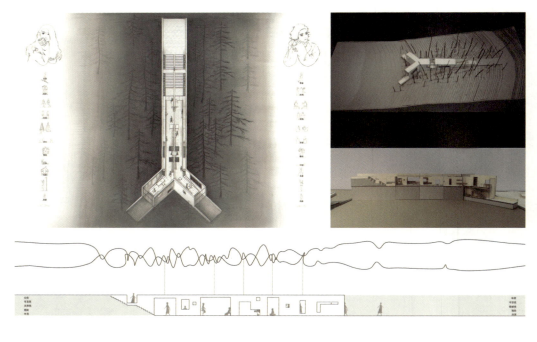

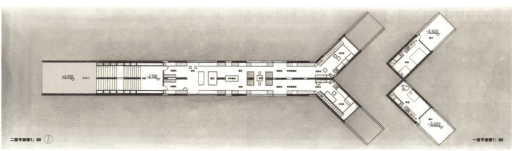

居合书院

赵相如

北京建筑大学 二年级　　　指导老师：任中琦

设计过程由筒形空间要素的操作与认知练习出发，探讨了空间朝向、体块错动和咬合方式对空间属性的影响，以此回应不同的功能空间需求，并创造出丰富的室内外公共空间。书院作为校园公共建筑，设计在首层架空并留出具有多个标高的室外活动空间，同时连接了原本被宿舍楼阻隔的食堂前广场和绿地，形成一片完整的校园活力地带。在书院内部，下层部分三个方向的贯穿能够制造丰富的空间体验，各个方向的连通以及高度的变化能够为各种相遇和交流提供可能，并满足了各类学生公共文化生活需求；上层部分两个方向的贯穿和较为规整的布局，减少了来自不同高度不同方向的视线压力，更加强调了居住的私密性和心理舒适感。在建造方面，方案从结构到细部设计逻辑清晰，通过隐框玻璃幕墙、金属扣板的设置，构造对设计做出了有效响应。

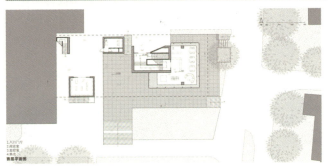

▶ 近舍

构造：1:20大比例模型

▶ 贯堂

▶ 构造

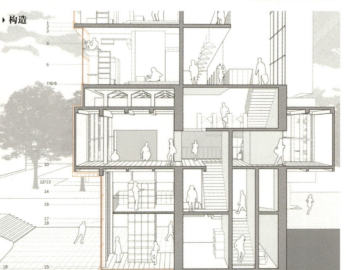

2-2 带构造剖透视

Living in a Tree

任叔龙
天津大学 三年级　　指导老师：张昕楠 王迪

　　在共享经济的时代背景之下，建筑、特别是住宅的共享性也越来越多地纳入到行业及学科的讨论之中。如何以设计策划及空间组织来创造社群的共享机制是 Share House 这一建筑类型的核心问题。任叔龙同学的设计围绕"树"的维养、观赏等相关活动，为社群植入了事件和空间共享的媒介。同时，从不同尺度和结构属性定义了空间要素，并完成了建筑类型的组织。

Living in a Tree 01

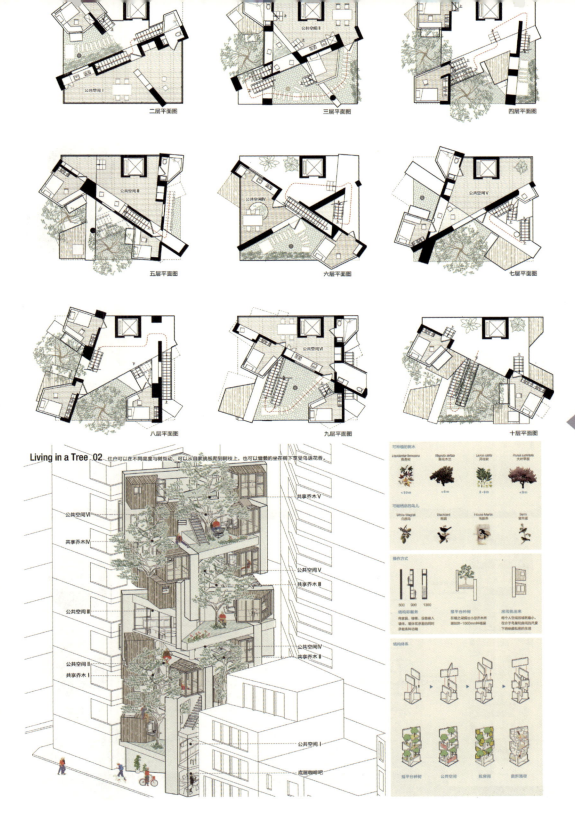

穿街引巷 市井再生

水浩东
重庆大学三年级　　指导老师：陈俊

　　本次城市空间更新设计选址于老社区一心村台湾花园深藏于裙房中的社区文化馆，随着城市化的进行，居民的精神文化生活严重缺失，亟须改造！该作品以社区居民熟悉并且愿意停留的"街道"为出发点，通过对一个充满生活感的街道空间的转译，不再强调文化馆单独空间的存在，而是将传统的旧社区文化馆转变为街道的形式，在整个建筑中形成完整的"S"流线，重新将活力引入社区文化馆之中，保留场所的生活感与亲切感，营造出市井生活的新鲜气息。

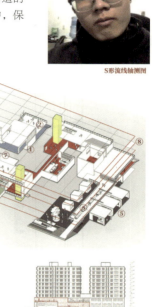

S形流线轴测图

总平面及各层简要示意图

红线内面积：5412.77 平方米
改造对象建筑总占地：3122.97 平方米
改造部分面积：4241.30 平方米
改造部分占总面积比例：13.68%

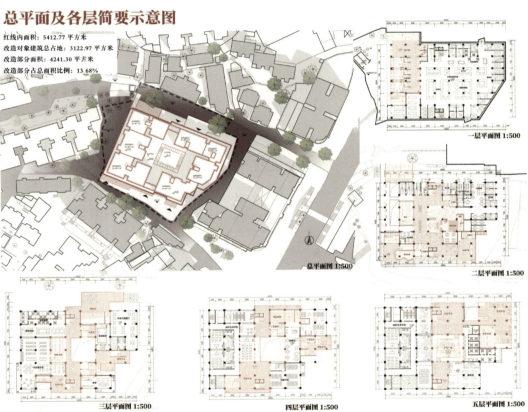

空间场景剧

Gallery+ 杂货市场
——一个藏在市场里的谜题

迟冰钰
天津大学三年级　　　指导老师：王迪 张昕楠

在这个题为艺术家展览馆的课程设计中，学生被允许在进行场地分析的基础上，选择自己喜欢的一位艺术家，并为其展品进行专题性的展览馆设计。迟冰钰同学选择了薇薇安·迈尔（Vivian Maier）的摄影作品，并对其拍摄角度、表达内容等艺术特点进行了深入分析。在此基础上，将展览空间引入场地内加设的市场环境，以创造一种日常和艺术的蒙太奇。

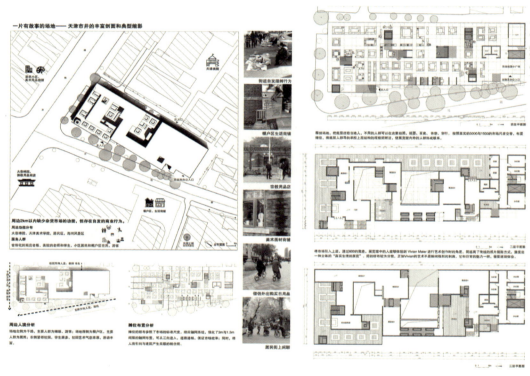

Vivian Maier —— 一位为自己而拍摄的街头摄影师

VIVIAN MAIER
薇薇安·迈尔

一位身份成谜的街头摄影师
2009年,一位芝加哥北部富人区女保姆去世,留下了2000多卷未及冲洗的胶卷,辗转变卖到杂货市场。2013年,一部《寻找薇薇安·迈尔》的影片,让这位一生无语的美国街头摄影师为人知。她毋其一生,穿梭在上世纪50到70年代的芝加哥街头,在社会飞速发展变革中,记录日常瞬间。她并不心存冒犯之意,她温柔敦厚地出手,无声无息地在街头寻找人类的各种形相并形诸照片。

一台"无害"的双反相机
她使用禄来双反相机拍摄,只需增头取景筒,按下快门,各种影像乎到流来,而且被拍摄对象基本上浑然不觉。这款典型的街头日常照片,展现出VIVIAN MAIER独特的拍照特点:拍摄黑白的正方形照片、极近的900的拍摄距离,低600的偷拍视角能于寻常人的尊严,独特的观察角度。

作品意象拼贴 —— 捕捉有趣的日常瞬间

在她最为关注的周而复始的真实日常中,一位一位街头摄影师的灵魂相遇。Vivian Maier观察在周而复始的日常之中,深情恒地观察、游走,敏锐地捕捉到她所关注的瞬间,记录于镜头之中,让我们阅读到真实的日常生活的趣味。这是她的作品吸引我的原因。在他的镜头下,平凡人富有尊严,一张报纸也充满趣味。这是平常却又不平常的摄影,为我们提供了一种走解世界的方式。

设计策略——从Photographer's Photo 到Photographer's Gallery

主题:周而复始而转瞬即逝的日常性 | 功能:"everyday"性质的日常市场

特点:低600的拍摄高度挑战人的尊严 | 整体操作:杂货市场与展览馆的层级高差

角度:敏锐地捕捉到日常的有趣和丰富 | 局部操作:对视线及流线关系的引导

环境:对自身、对生活的反映 | 概念:将展览作品的边界扩展到真实的日常生活中

● Vivian Maier's photos   Vivian Maier's gallery ●

筒
结构·视线·交通·采光

作为结构既形成展厅空间,作为观察筒形成视路之间的视线交流,承担着交通与采光。

Gallery + 杂货市场——一种逃离传统的新的展览

北立面图 | 西立面图

南立面图 | 东立面图

对展览的翻转
展览馆的新情感情境:场地外的人群,能够带到制展览设立及路上热销的市场活动,也能够衔接与和到场地的市场活动之中。展览馆地的活力,展览馆不再是一种冷漠时刻的存在,它成为日常生活的背景幅。
展览与照片的翻转:在传统的展陈方式里,展厅中的作品是展览馆的主角,其能离了传统的照片展陈方式,让展览馆与杂货市场产生共鸣,使真实的日常退成为展览的主主角,艺术本身所表达的主题存在于她有记拍摄的每一张静止中,生存在于场地发生的每一秒的事件之中。

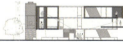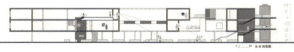
A-A 剖面图 | B-B 剖面图

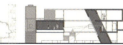
C-C 剖面图 | D-D 剖面图

筒截中题的多场景并置
中题——中题创造了展览馆内外的层次性,实现了多个场景的并置。

开窗:窗是对观察者视线的引导,既是了艺术家独特的观察角度,模拟窗如同画框,将市场活动收造展览览中,成为展品。

8个"L"的邻里

李馥含 李阳雨
天津大学三年级　　指导老师：王迪 张昕楠

在李馥含和李阳雨的共享住宅设计中，基于生活的公共－私隐关系并以图形进行空间层级的讨论，是设计中的核心问题。在对场地城市环境、建筑内部空间组织进行分析的基础上，方案以"L"的形式原型和"Folding"的操作进行了建筑衍生，并创造出对应城市、社群和生活事件的空间系统。

本次课程设计题目为在日本东京天神町为班级中15位同学设计共享住宅，以"共享"为主题，意在探究当今时代背景下如何通过对住宅的创新性设计为人们的社群性交流提供更多的可能性。

第一阶段：生活层级探讨
将人的日常生活按照由私密到公共划分为四个层级，分别为最私密，不与他人共享；较私密，可与较少人共享；较开放，住宅内部的人共享；最开放，住宅内部活动与城市的互动。

第二阶段：单体生成逻辑
基于对住户的生活层级的由私密到公共的划分，选取"核心+"的空间操作手法来反映每一个住户的生活。最核心区域为卧室数楼手间，在此基础上添加可供几个人共享，但仍较为私密的空间，如厨房、工作室、音乐角……

第三阶段：8个"L"的空间架构
对场地现状进行分析，包括自然条件（采光、通风）和人文条件（喧嚣、安静），选取L形的空间架构组织内部空间。"L"的形式既有开放与封闭两个面向，对应不同方向和高度的场地环境状况和居住者喜静或喜闹的不同偏好。不同高度的L形的朝向不同，从上下上以8个"L"两两形成了背靠背-面对面-面靠背-背靠背的四组丰富的空间架构的相对关系。

第四阶段：平面尺度优化
结合人体尺度来控制核心+模式下"+"空间的尺度和功能，并探讨处在两个不同面向的"L"型架构之间的"+"空间的相对关系。

日本，东京

建筑整体结构框架：

空间架构相对关系： 内向　外向

L1 L2 背靠背

L3 L4 面靠背

L5 L6 面对面

L7 L8 背靠背

居住单体生成逻辑：

L型架构

核心居住

生活共享

光盒

武淳雅
东南大学三年级　　指导老师：俞传飞

该方案在学校老体育馆建筑的改造设计中，从旧建筑采光问题切入，在保留利用传统大跨结构和外围护墙面的同时，大胆地将部分屋顶改造为可遮阳采光屋面，在室内置入新的以"光盒"为核心的空间结构体系，借此优化主要室内采光和物理环境，划分层次丰富的建筑空间，满足多种结合校园环境调研策划的复合功能，并综合考虑了新老结构交接、设备管网布置等技术问题，巧妙地回应了功能置换、性能化改造和适应性再利用的设计要求。

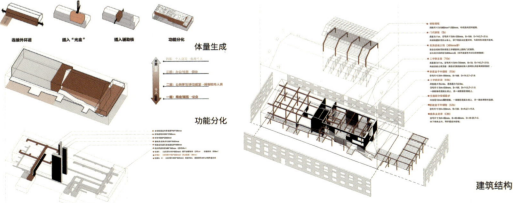

建筑结构

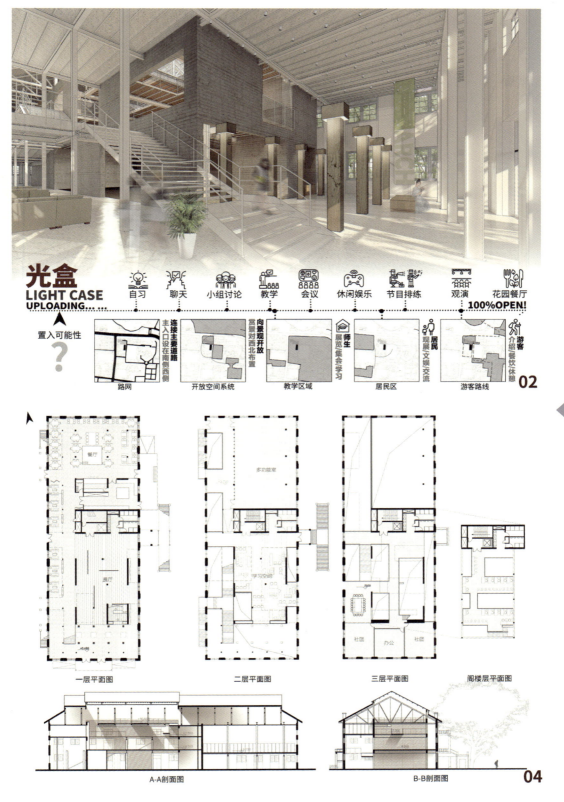

城中山水

覃浩津
西北工业大学三年级　　指导老师：刘宗刚

　　"城中山水"摄影博物馆建筑设计选址于西安碑林历史文化街区，毗邻碑林博物院，南向西安明代城墙，设计围绕作为唯一展品的十张摄影作品展开，探讨空间、展品与人的关系。设计巧妙地将展示空间转换于建筑屋顶之上，通过墙体与结构的限定与界定，塑造与摄影作品主题契合的展陈和观赏环境，同时给予观者抬高的视点与特定的视角，避开地面的嘈杂，将周边的历史环境、古城墙、古建筑元素"借"到展示空间中，观者游走其间，眺古、望今，寄情于城市文化之山林。

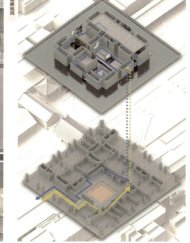

南立面 1:250

剖面 1-1 1:250

065

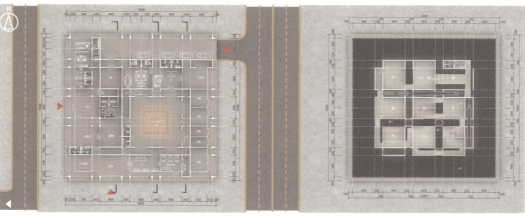

一层平面 1:250　　　　　　　　　　　　　　　二层平面 1:250

剖面 3-3 1:250

温暖的矛盾体
——里弄社区公共厨房设计

吴心然　同济大学 一年级　　指导老师：戚广平 朱晓明

「原有的／崭新的」对基地所在的里弄进行了详细调研，以把握新建筑在其中的姿态。

「延续的／改变的」延续房屋基本形态元素——坡屋顶、老虎窗、狭长内院与三片倾斜屋顶，屋顶材料选择新材料作为新建筑的符号。

「公共的／家庭的」分离的家庭烹饪空间与公共走廊，寻找公共与私人的平衡，简明的桌椅变化，满足厨房在不同时间段对于公共性的需求。

「人工的／自然的」内院开辟引入了自然光线与景观；同时，自然空间也成为内向社区生活与外向街道生活空间的过渡。

深深·深
Natural Freedom & Beyond Physicality

刘昕宇
湖南大学 一年级

指导老师：章为

本方案以中国园林空间特性为构思之源，力图在寝室改造中营造功能和视觉上多变而层次丰富的空间体验，从而能给在校大学生提供个性化、定制化的寝室空间，以及与自然结合绿意盎然的室内居住小环境。设计方案逻辑清晰完整，对各种功能和尺度的配合既高效又合理，图纸表现简练而有趣味。该方案解答问题角度新颖，解决方式适宜，整体上让人印象深刻。

古地·长屋·新景

沈奕辰
浙江大学 一年级

指导老师：孙炜玮

设计以"街巷"为线索，初始场地布局上分为中心和两侧各一个院落组团，空间组织有序并注重相互间的引导和过渡。在人居环节，以垂直、水平巷道分别划分、串联起长屋的公共、私密两个功能区；在建构环节，剪刀形的细木杆单元形成充分而又轻盈的屋架，传递木构之美；在场所环节，结合功能的更新，布局调整为一侧是紧凑的展厅，一侧为轻松的水景餐厅。整体设计思路清晰，布局合理。从初始秩序到更新，设计概念连贯完整，空间收放有序。

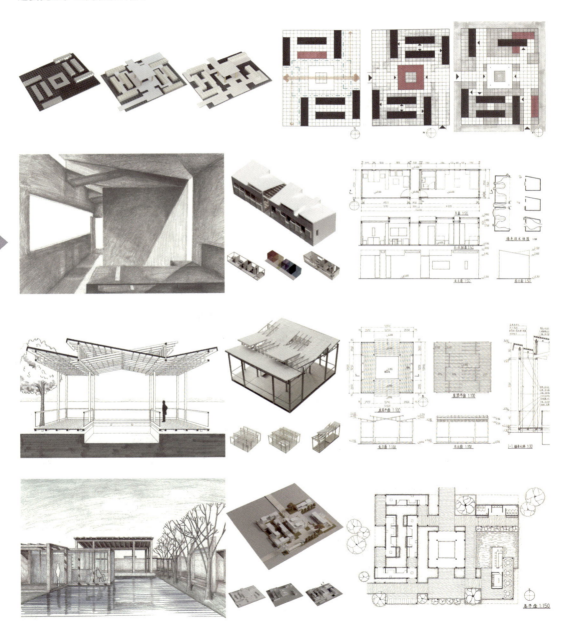

暮 归

王肃 陈彦合
哈尔滨工业大学 一年级

指导老师：张昊哲

作者利用空间形态的组合以及建筑室内光影感觉的变化隐喻主题。建筑入口处通过下沉空间和光栅的运用营造一种晦暗神秘的空间氛围，随着建筑体块竖向堆叠，建筑内部由暗转明，每一层空间都带来了不同的感受。作品较好地表达了作者主题与立意。虽然在设计细节和场地分析上，设计手法尚显稚嫩，但能利用建筑语言较为准确地将抽象的意境还原为具体的空间形态，足以说明作者在建筑设计的道路上已经勇敢地迈出了第一步。

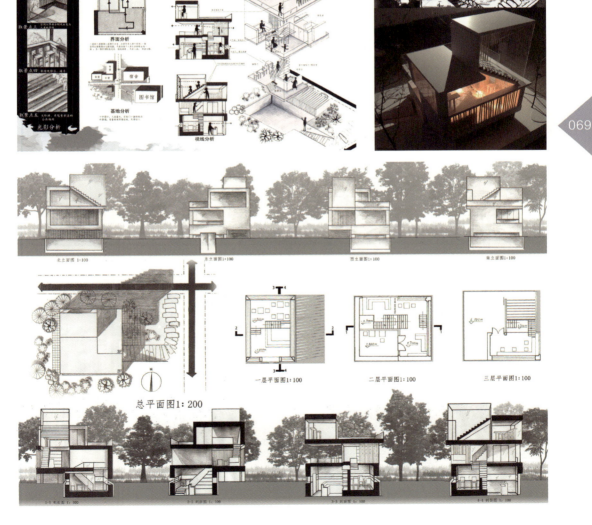

循声

何铭逸
清华大学 一年级

指导老师：周正楠

该方案通过内部空间和外部环境的整合，把生活创作—室内排练—会客交流—室外演奏自上而下、自内而外地进行陈设，实现了由私密到开放的空间发展，构建出一种作曲家工作生活的功能模式。特别是通过对校河两岸的利用，创造了循声而来、虽闻而不见却又可走进作曲家内心的空间环境意境。建筑形式基于基本的几何形体且又富于变化，运用最基本的元素营造出令人感动的极致氛围。

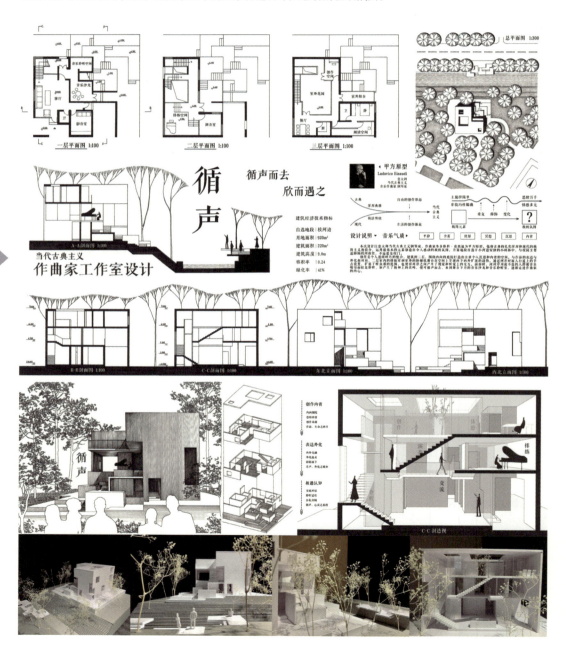

对称之美

丁翀
浙江大学 一年级

指导老师：孙炜玮

以"对称"为秩序线索，循序渐进地展开空间的组织与调试。在人居环节，以入口、学习区、升高的屋面形成中间的空间带划分公共与私密区域，十分巧妙；在建构环节，木构体系层次清晰、真实合理；在场所环节，空间的组织与更新富有园林意味。整个设计从初始的较强烈对称到最终逐渐弱化，体现出场地条件不断改变后设计者的积极应对和客观思考，从布局调整到功能更新、形式转化上，均自然、合理，富有连续性。

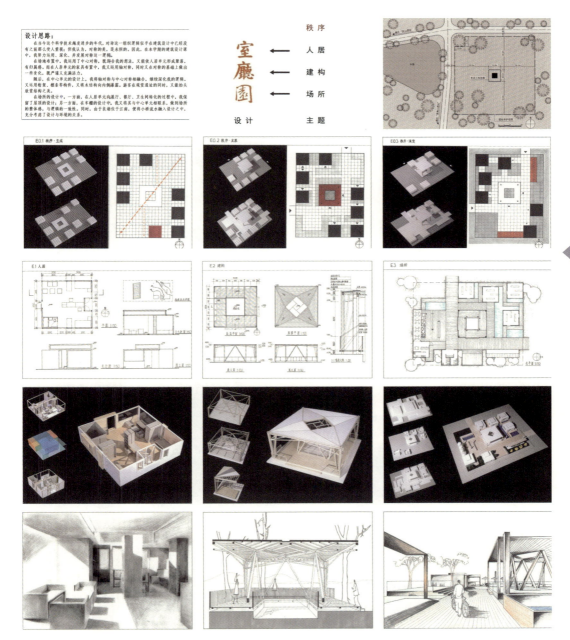

井

陈泽帅
西安建筑科技大学 一年级

指导老师：俞泉

　　这个茶室的设计概念与结果一致。主题明确，作者试图表达出一种意境——即便在喧嚣的城市中也可以使喝茶的人陷入一种"自醒"的状态，从而希望表达一种对"自由"的渴望。同时，作者解读"自由"其实就是可选择的，可变的。对应到这个茶室的空间，作者加入了自己的巧思，使得空间是可变的。并根据品茗者的状态和要求进行空间操作，操作通过三个空间层次来变化并对应饮茶的行为。整个过程通过在一泡、二泡、三泡空间的起承转合间，结束自我的调整或者自醒，从而回到喧嚣的社会中去。

良渚遗垣：场·居·展

徐珂晨
浙江大学 一年级

指导老师：张涛

在场所设计中，纵横线性形体的组合，严谨中不乏趣味，清晰体现形体的组合与外部空间形态之间的逻辑关系；人居空间中，小尺度的室内空间和简单的线性流线，依然能追求空间的丰富性；展厅设计中，屋面支撑体系采用传统木构，略加变化，结构层次清晰，合理的构造营造出新的展厅空间。

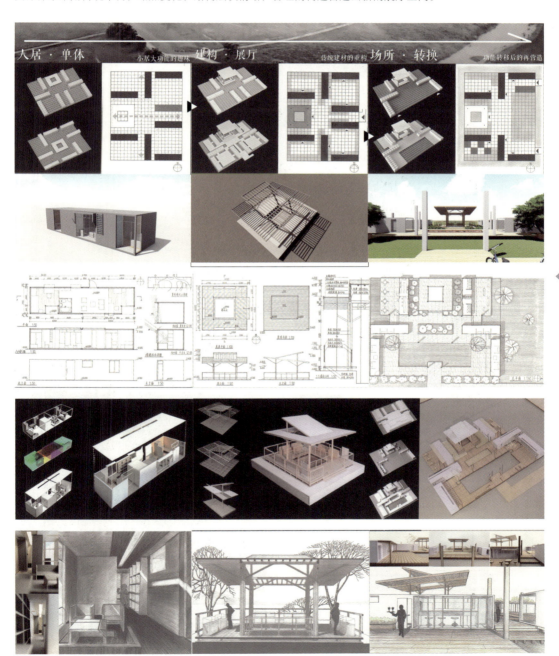

院落之间

姜文珏
山东建筑大学 一年级

指导老师：李晓东

本次作业着重训练学生从被动认知向主动设计的过渡，初步形成建筑设计的"感觉"。方案在任务要求的网格内，通过最基本的体量位移，形成核心空间格局与基本功能分区。实际上这里面蕴含着一个九宫格骨架，随后九宫格产生两次节奏变化：首先是轴网节奏，x、y轴节奏变化产生了空间大小组合的趣味性变化及功能、交通区块的自然分隔；其次是虚实节奏，九宫格在四角位置自然留白形成角院，同时在中心位置源于水平体量与垂直体量交错而产生核心院落，促使整个设计空间氛围提升、通风采光效果优化。

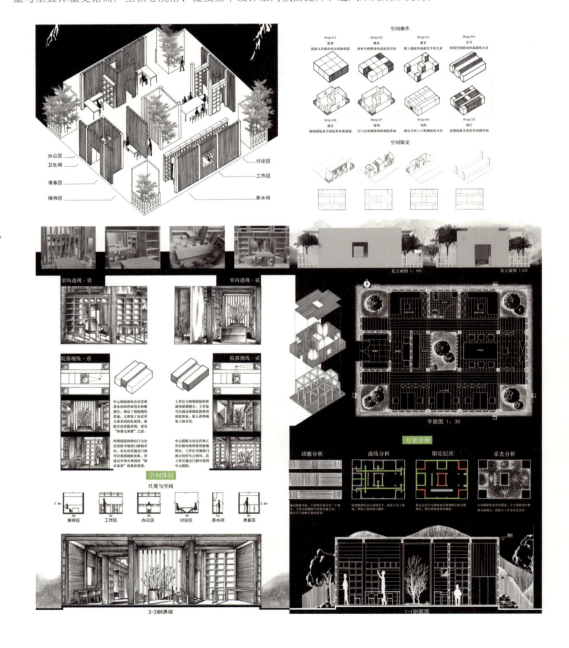

充电宝
——校园驿站设计

姚冠琪
北京交通大学 一年级

指导老师：蒙小英

此设计能够通过深入的场地观察和对学生们校园室外空间的需求进行访谈找到设计的问题，并将设计主题"驿站"的含义与问题结合较为逻辑地提炼出了"充电宝"的概念。建筑近"L"形的布局积极地协调了东西方向上花园与道路的空间过渡，主次分明地串联起南北方向上具有历史感的校史馆与会堂建筑。设计者激情地将学生们对既能独处又能交流的空间的极大需求，通过设计空间的可变性，创造满足不同需求的室内外空间，并能通过建筑的空间形式、环境景观、视景等积极探索空间对使用者心理精神的影响。

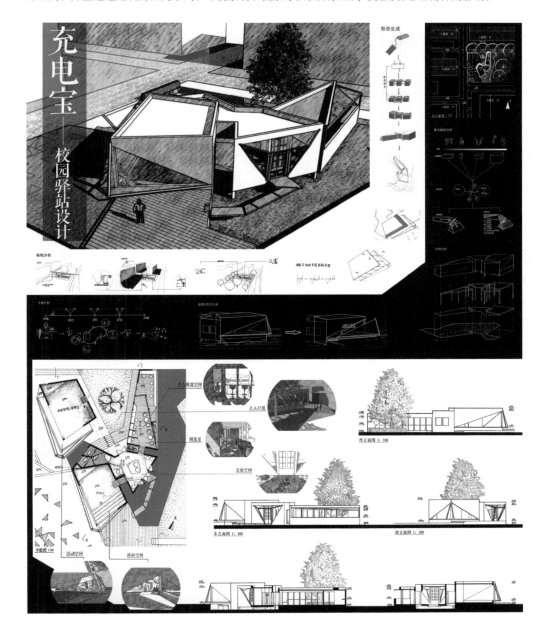

竹雅·轩

张聿柠
山东建筑大学 一年级

指导老师：李晓东

  建筑师工作室设计作为一年级建筑设计基础的最后一个作业，着重训练学生从被动认知向主动设计的过渡，初步形成建筑设计的"感觉"。
  张聿柠的方案在任务要求的网格内，运用简单几何体的推拉平移、虚实空间的节奏穿插形成丰富有趣的空间，建筑形态与空间功能内外合一。更难能可贵的是初步建立起建构概念，形成3个横向空间，采用新颖的结构形式以确保建构与氛围的完整统一；建构细部结合传统建筑文化元素，以"竹"的语汇形成建筑中的"柱"，达到形式与空间的高度共鸣。

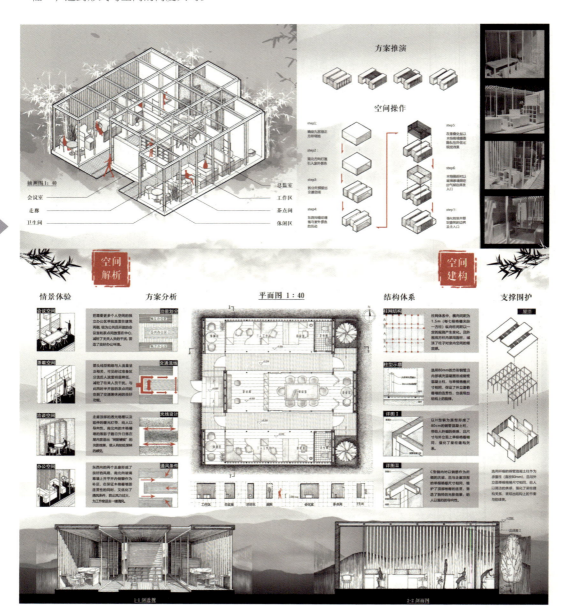

树·间

马晓文
清华大学 一年级

指导老师：陈瑾羲

"建馆南侧绿地的茶室设计"是一年级春季学期前8周的训练题目。马晓文同学的"树·间"方案，通过对日常熟悉场地的观察与分析启动设计，根据环境展开空间设计，并始终关注人在建筑与环境中的体验。方案选址在场地东边具有高大乔木的地方，利用周边的绿化景观，根据树木的位置布置建筑。四个大小不一、形状不一的"C"字形板片组合，形成相互联系的室内外空间，与树木关系紧密，从而使得来到茶室的同学们在不同的饮茶区域可以拥有不同的视觉体验。"树·间"茶室成为建馆南侧学生们放松、休闲的宜人场所。

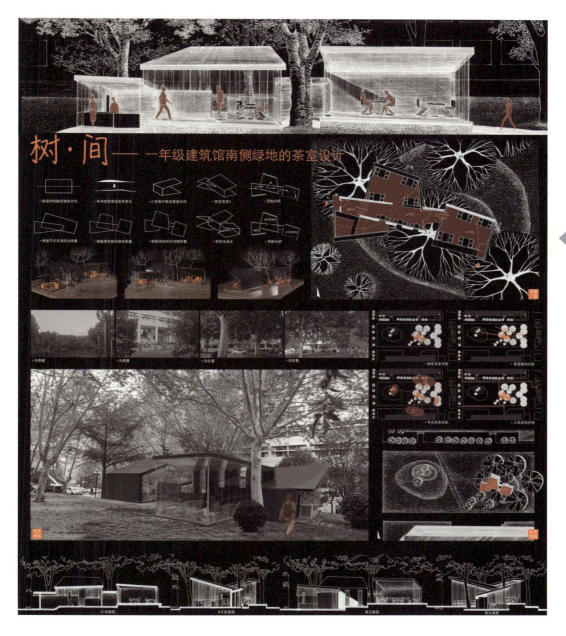

方正之间

徐宇超
浙江大学 一年级

指导老师：张涛

　　第一个系列设计作业，围绕"空间"的形成展开不同尝试。徐宇超同学的设计注重空间形成要素形态的控制，以及形体组合关系的条理性。尤其在最后 E4 作业（图形和空间）中，叠加空间将平面形态的疏密关系进一步延续和加强，形成令人记忆深刻的空间秩序。手绘图面线条干净准确，模型制作精确漂亮，模型拍摄角度合理，明暗变化生动。

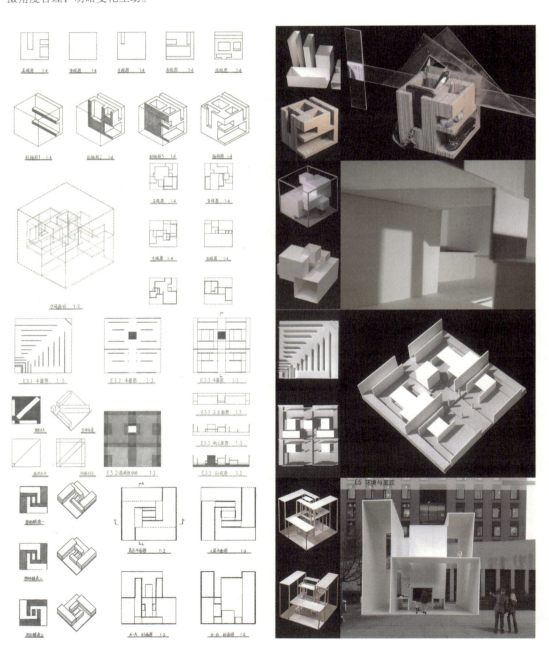

建筑师工作室

张容畅
河北工业大学 一年级

指导老师：赵春梅 侯国英

设计如何入门？这是建筑初学者需要思考的问题。本案尝试将名作分析与空间构成相结合，采用打散重构的手法，来探讨建筑空间进一步生成的方式，并将功能纳入其中。再根据受限地块，寻找最合适的采光方式。做到了在有限的地形中，采用明确的操作手法营造丰富的建筑空间。

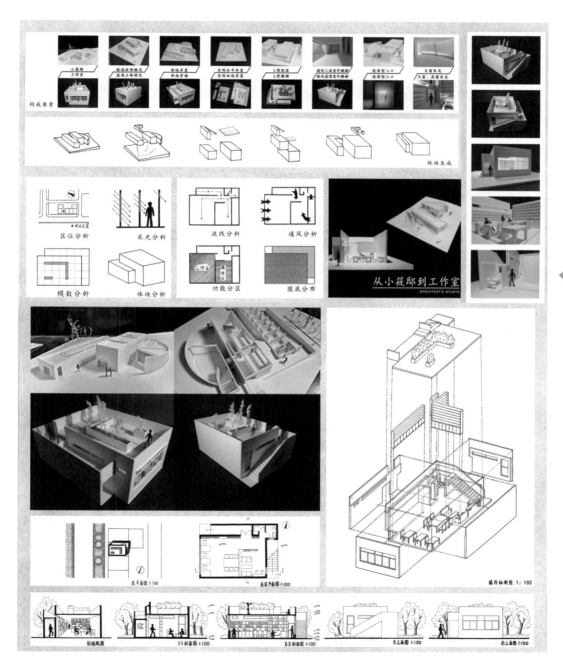

F.A.L.L Hall

王悦然 祝泽茜
哈尔滨工业大学 一年级

指导老师：于戈 刘滢

　　此作业通过对2007年柏林电影节获奖影片 *The Fall* 的深入剖析，将影片中的"坠入""救赎"与"希望"等概念情景带入，并结合其自身作为建筑学初学者的切身感受，在校园内为建筑学低年级学生设计了一幢体验独特的展馆。希望通过展馆贯穿室内外的游览路线和空间感受，激励学生重拾信心燃起对建筑学的热情和希望。该作业情景带入过程逻辑清晰，案例研究恰当深入，方案设计理性且紧密结合设计理念，图纸和模型表达规范且克制。在8周的时间内，很好地完成了课程任务书的各项要求。

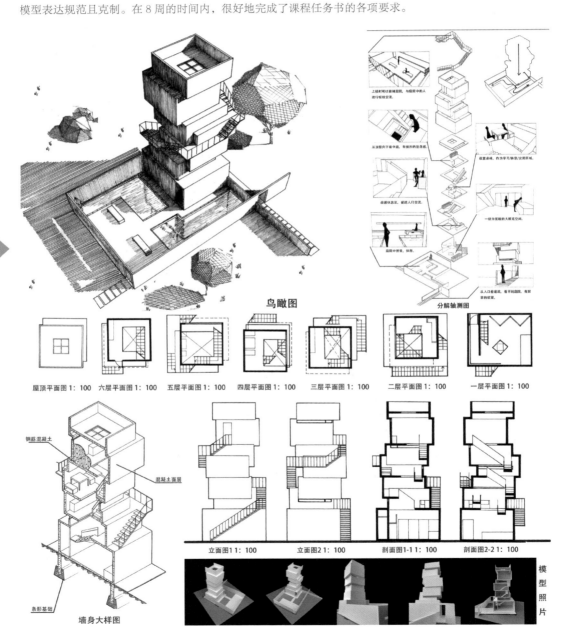

创客空间
——空间隐喻的平面秩序

林昀儒
东南大学 一年级

指导老师：顾震弘

密斯首创的通过片墙和楼面形成的流动空间，是现代建筑的重要设计手法之一。通常这一做法局限在二维平面，而本设计将流动空间扩展到三维，形成了更为丰富的空间形态。有意思的是，此设计通过轻盈的结构配合浅色材质和大片玻璃，又创造出某种"超平空间"的特质，最终实现了轻松舒适的空间氛围。娴熟老练的设计技法体现出设计者扎实的专业素养。

RUNNING CENTER

羿王力 谢金龙
东南大学 二年级   指导老师：雒建利

该设计充分考虑了老城区内社区服务的需求，将健身中心和社区中心以一条环形的立体步道串联。这条环线既是一条健身活动步道，也是一条社区交流环，将各种健身活动和交流空间串联在一起，使各年龄段的居民又重新相聚，激发出社区活力。

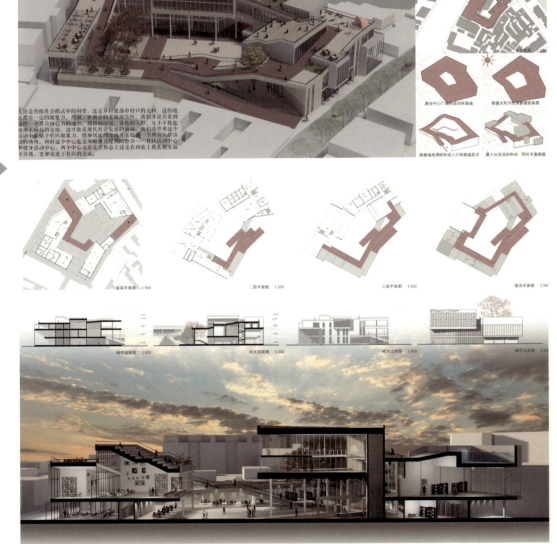

四格游戏

张鉴
厦门大学 二年级　　指导老师：宋代风

就传统的中国生活方式而言，户外活动与室内活动的便捷切换不可或缺。相应地，院落空间与室内空间的浑然一体成为中式建筑的重要特征之一。然而，其终意在于自然。就人而言，自然是人化的自然。故而，在人眼中，自然必然有序，在人心中，自然必不单一。故而，一个参数化的、以庭园为核心载体的方格游戏概念也就成为一个自然的结果。

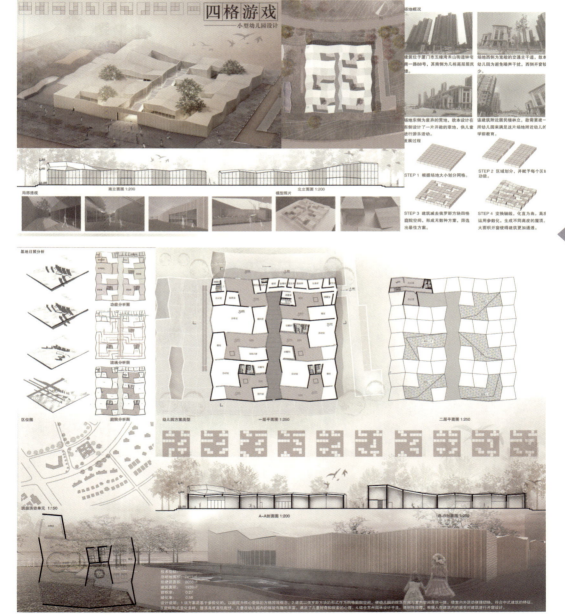

记忆重构
——西井峪游客中心设计

孙琦
天津大学 二年级

指导老师：孙德龙 郑越

设计者由皮影民俗展开游客中心的设计，基于对皮影表演的调研和观察，试图将一种事件化的表演活动变得日常化：游客中心不仅服务于游客同时也是村民日常活动的场所。从此出发，设计者探讨了表演者、观者和幕之间的可能关系，并将这种关系转化为建筑日常使用中的"看与被看"，双层表皮和半透明材料使用的策略比较直接但也清晰地解决了功能分化的问题，在双层皮之间植入跟皮影制作和表演相关的小房间，而游客的活动空间则被包裹进内层皮形成的连续空间，线性体量较好地利用了地形走向并加强了室内空间蜿蜒曲折的体验。基于对西井峪村主要路径空间变化的观察，设计者通过对建筑空间尺度、双层皮洞口和界面材料的处理，回应了这种乡村记忆，从更大范围上与场所产生了联系，另一方面也增强了室内体验的丰富性。

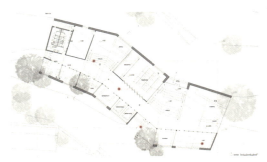

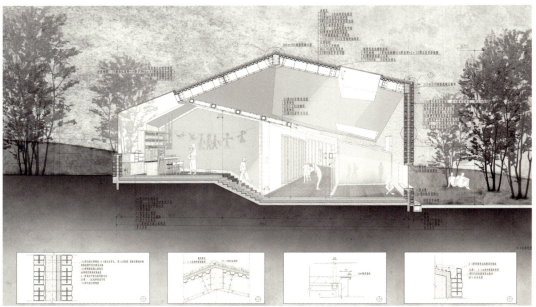

游园惊梦

苏珊
西北工业大学 二年级

指导老师：宋戈

　　该作业通过观察基地的使用情况，分析不同背景使用人群的需求情况来对建筑功能布局进行配置，同时通过简洁的圆形形体回应场地周边复杂的都市状态。然而圆形形体内部则别有洞天，螺旋形的坡道模糊了楼层之间的分隔，连同通高空间的设置，营造出丰富变化的室内空间，从而鼓励不同市民之间的交流沟通。设计还充分考虑了结构体系的选择与布置，剪力墙在高地震烈度地区能充分抵抗侧向力，相对可以减小竖向圆形钢柱的截面，使得建筑内部空间更为通透轻盈。整体而言，该作业从设计的出发点、概念的生成、平面布局及细节、结构体系、图纸表达等方面来讲都考虑得较为全面，逻辑严谨。

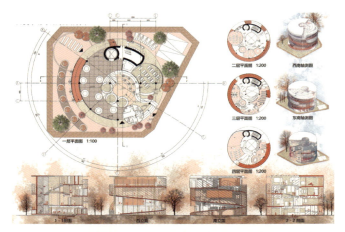

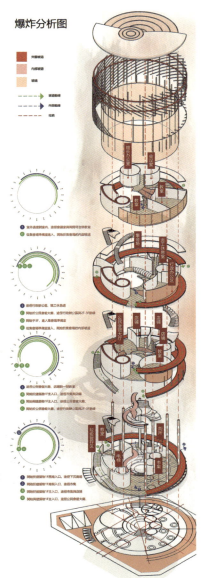

小台院

孙雯瑄
重庆大学 二年级

指导老师：马跃峰

　　本方案以"旅行"和"住宿"为核心，通过对旅行需求和居住行为的深入研究，结合磁器口古镇自然环境和人文环境的分析，从场地中提取山地小台院空间、檐下灰空间、层叠错落的屋檐轮廓线等设计原型，用现代手法演绎传统聚落民居意象，营造嘉陵江畔休闲宜人的精品度假酒店空间。设计在集中式的功能分布逻辑下，将公共空间和私密空间水平分隔，体量化整为零，与周边环境肌理相协调，植入多重层叠的小台院，形成退台式客房和灵活错动、互动交往的观景平台，创造出丰富多样的视景体验，激活了临江场地的城市空间活力。

采石"现场"

罗昊然
天津大学 二年级

指导老师：孙德龙 郑越

设计者捕捉到了当地乡村采石作业的独特要素。由于已经禁止开山，传统石头房子的建造已经不可持续，而采石残留下的峭壁和基坑却可以引发人们对当地建造传统的记忆。设计者试图借助现有的场地高差营造采石场峭壁和基坑的意向，进而确定了围绕一个中央空间组织建筑体量的策略，并向三个方向生长出线性体量以容纳三种不同类型的功能，同时这三个方向也有效的连接了周边的景观路径和建筑入口，较好地融入了场地。典型地质分层和建筑景观呈现出的水平层叠意向也体现在建筑内外界面的洞口、材料选择和空间尺度变化上，这三个方面共同强化了一种仿佛在石巷中穿梭的连续性。中央高耸的大厅并未简单直接的采用石材，而是用现浇混凝土材料模拟了一种层叠的肌理，一方面赋予了其商品陈列的功能，另一方面也回应了乡建材料演变的主题。在对建筑基本问题认知的基础上，设计者紧扣记忆重构的命题，较好地处理了场地、功能和空间叙事之间的关系，具有较高的完成度。

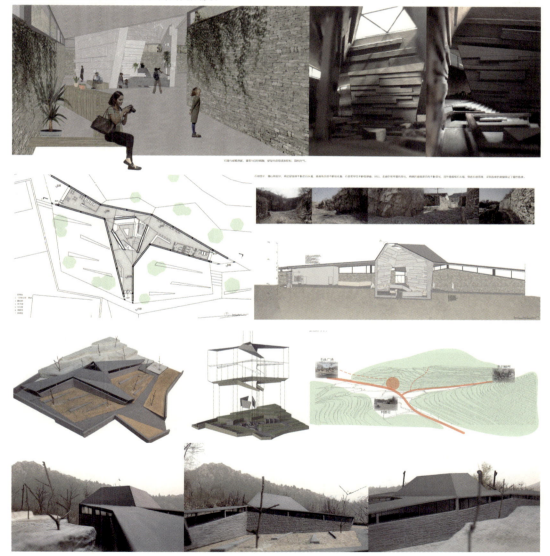

洞山
——六班幼儿园设计

陈焰捷
河北工业大学 二年级

指导老师：方丽

作者能够从儿童的行为模式和空间需求出发，充分掌握幼儿园建筑的设计特点，熟练掌握空间组合的方法，作品实现了适宜儿童成长的室内外活动空间。在"洞山"作品中，能够看到依环境而生的"山体"，"山体"不同高度依山而现的平面空间以及"山体"不同高度上挖出的"洞"，这些元素为幼儿活动提供了丰富的空间，也带给幼儿多样的活动场所。作者在实现设计作品建筑性的同时，更创造出了幼儿活动空间的生动性。

山院叠屋

冯冠力
重庆大学 二年级

指导老师：孙德龙 郑越

该方案在多方位进行场地调研的前提下，结合对旅行需求和居住行为的研究，提出了以抬升、退让、围合、轴线、延展等方式修正和提升场地内涵，保留大树铭刻时间记忆，穿插其中的净水池、平台、庭院让视觉体验丰富多样，以及别具一格的客房私密空间设计等策略，较好地回答了关于在特定环境下的居住体验和人文交流对精品度假酒店空间的诉求。

众创之城

褚睿
昆明理工大学 二年级

指导老师：李武 马杰 曾巧巧

设计者站在城市环境的角度，深入探索城市老旧社区如何运营更新的问题。用地狭长，地势高差很大，设计上通过合理分台来适应地形，利用杆件与板片的形式让内部空间相互渗透，虚实相生，巧妙地结合了水平及竖向交通，形成了富有节奏韵味的建筑空间。关心区域历史文化，利用曾有的工业文明要素，简化为建筑形象语序，让狭长而不同使用空间，变化而又统一。最终营造了一个既有历史记忆，又能适应时代创业者丰富多样的城市社区化体验的空间。

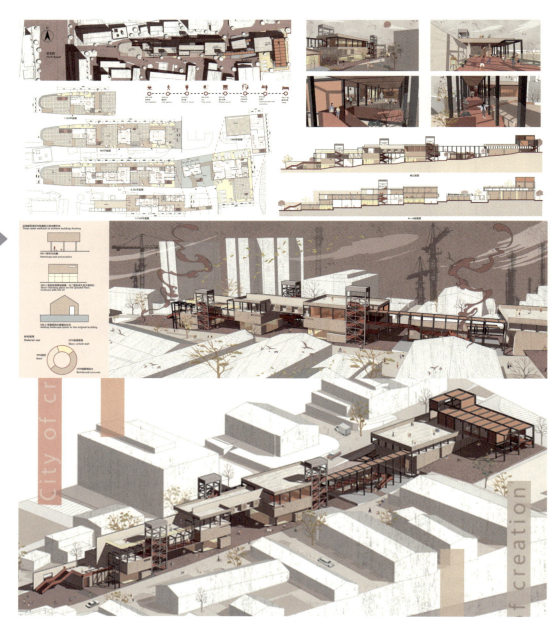

逛市场

蔡舒怡
西安建筑科技大学 二年级　　指导老师：高雅 付胜刚 崔小平

　　设计基地是在历史文化街区老旧社区内部，方案关注社区"小居民"日常生活行为和流动小摊贩的困境，试图以"逛市场"这一日常行为作为媒介来激活老社区公共空间活力，提高生活品质。此设计利用不同活动的时空规律，以"多意空间"作为空间策略。上午形形色色的小摊贩汇聚于此，下午可以举办展览、分享会，亦可以作为读书、下棋、聊天的公共空间，晚上可以放映大家喜爱的新闻和电影，在这里人与人之间因"逛市场"而变得更加自然、亲切。

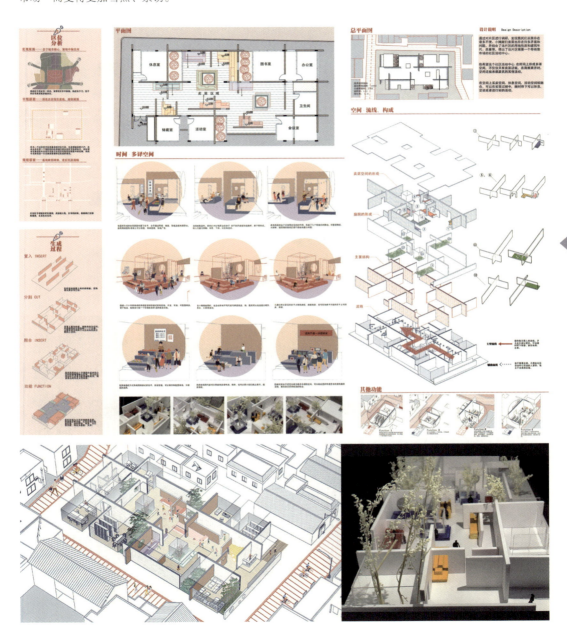

囿野
——社区花园工作坊

王诗瑾
重庆大学 二年级　　指导老师：陈科

　　本课题包含四个逐步递进的阶段：概念生成、总体设计、空间设计、建构设计。本方案设计者在概念生成阶段，基于设计用地现场踏勘、使用者构成及其需求分析，自主拟定激发社区活力、增进居民归属感的建筑与场地功能；在总体设计阶段，采取建筑隐入台地的一体化设计策略，最大化高密度利用社区公共绿地面积；在空间设计阶段，通过分层入口、连续退台、局部通高等手法，营造立体、互动的若干工作坊主题活动场所；在建构设计阶段，选择大跨结构体系，保证空间整体性，而材料呈现采取局部天花板透明或反射的界面处理，既改善大进深空间自然采光，又增强社区花园互动体验。

Changes of the Stones

王国政
天津大学 二年级

指导老师：郑越

设计起始于对当地乡村建造材料演变的关注。如何挖掘场所的特质并在设计中延续而不是简单重复，成为该设计要解决的关键问题。对西井峪这样一个以石头造房为传统的乡村，设计者并未以怀旧的方式复制传统空间，而是拼贴了三类乡建中的代表性材料，单元式的组合方式和环形的流线也是一种较直接而清晰的策略。设计者试图突破材料本身的表现性，加入对游客参观行为的考虑，充分利用地形高差并将材料与相应空间的功能产生关联。从结果上看，虽然对材料演变的叙事态度体现得比较中立，但这也使得访客在参观游客中心的过程中能够以一种更开放的姿态体验这种"演变"。该设计较好地抓住记忆重构的命题，在对建筑基本问题认知的基础上，从建筑空间到家具设计都较好地贯彻了设计者的意图。

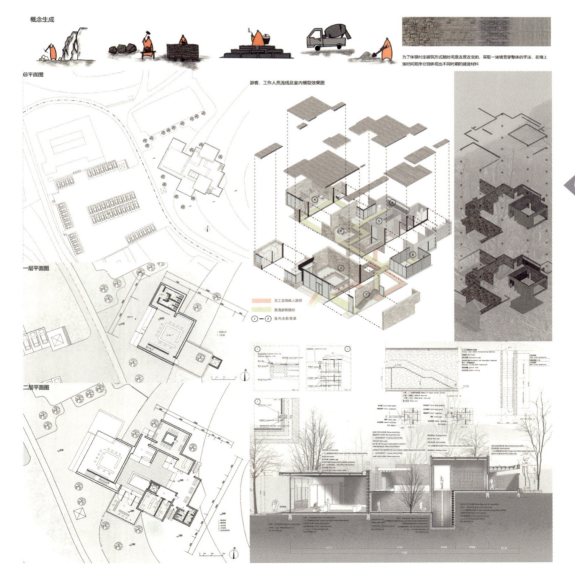

盒子之间

李德涵
同济大学 二年级

指导老师：李兴无

　　本方案是在校园一处设计一个1200㎡的评图中心，以满足建院师生日常的使用。这个方案的名字叫"盒子之间"，就是把一个个功能想象成一个个悬浮的盒子，并且用一条螺旋上升的动线联系起来。首先打散与整合的盒子实际上就是功能彼此的分离，利用盒子上方的平台和一条螺旋的动线还有功能的变换当作中介。其次螺旋的动线其实是有叙事性的。通过这条螺旋的动线其实是可以穿越盒子的不同部分的，它可以在内部与之间、公共与私密、封闭与开敞不断转换，同时人是有斜向穿越的时候的，也就是说人的正斜两种姿态也带动了空间的划分。最后内外统一就是盒子里面不设置隔间，是一个灵活的空间，像一层这个盒子，一边是教室、一边是辅助空间，所以一边透明，一边实体。

风乎舞雩

陈露鸣
深圳大学 二年级

指导老师：陶伊奇

　　该设计以"风"为主题，使城中村巷道中"无形"的风廊和"有形"的建筑之间发生了有机联系。设计手法不仅有利于营造场地中良好的微气候，改变城中村令人"窒息"的刻板印象，同时也利用风，在档案馆中营造了许多"微风场所"，让人与自然有了一次亲密接触。此方案是个尊重场地、利用自然的良好实践。

折院

刘丛
西安建筑科技大学 二年级

指导老师：石媛

在对城市肌理更新的想象基础上，设计者将折纸的方式引入，以达到新建筑与旧建筑在空白土地上共同有机生长、新建筑像一张纸片一样蔓延开来的完整肌理。将土地作为一张白纸，空中飘浮着与其对应的平行纸片，纸片通过向下翻折植入土地的同时形成院落或者露台等空间，向上向下折的手法也形成家具等的构件，操作逻辑清晰明确；"U"形客房单元组织形式通过一个小厅连接两间客房，围绕院子展开，使其比较适合于一起出游的人们，也和设计者初衷相符。

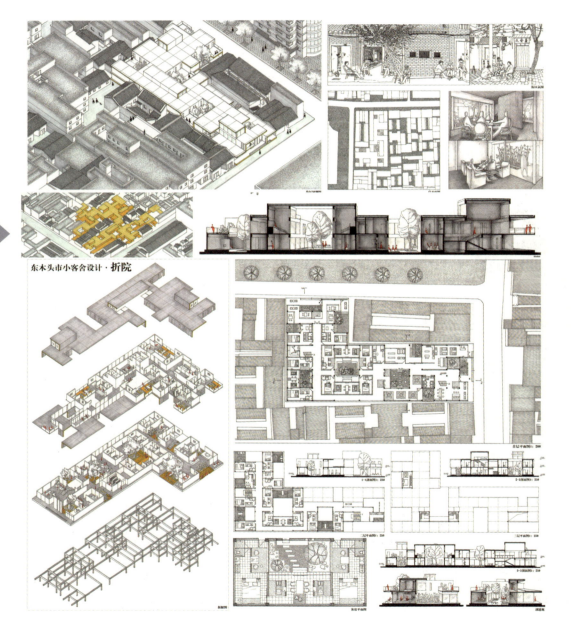

洞见
——北院门小客舍设计

蒋宇萱
西安建筑科技大学 二年级　　　指导老师：项阳 王璐 石媛

　　学生有感于毗邻用地高家大院所带来的明暗变化和空间开合变化所形成的空间观感，在自己设计思考的过程中意图以太湖石做参照，设计一个立体的包含中国文化的阴阳对仗空间。该设计以"空"作为起点，优先设计出彼此咬合、连续的虚空间（立体的庭院空间体系），在解决空间体验的连续的"空"与解决功能使用的连续的"实"中，制造了一系列虚实、明暗、开合的对比关系，同时也给身处其中的人们提供了"洞见"传统民居、天空、街区的多样视角。

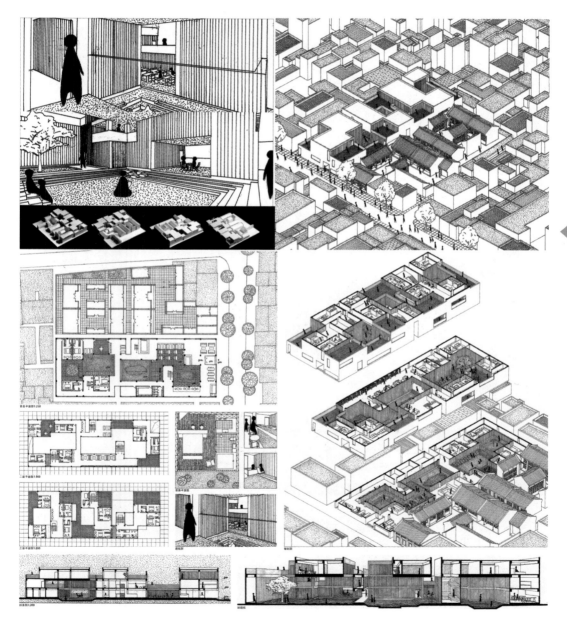

纸戏剧小屋
——六班幼儿园设计

吕世泽
河北工业大学 二年级

指导老师：赵小刚

"纸戏剧"是一种结合绘本和表演的儿童学习方式。设计者能够主动关注幼儿教育相关方面的新进展，并将其引入设计成为功能组织的启发因素，空间回应纸戏剧学习方式的功能使用，同时造型亦使人产生与折纸相关的积极联想。该方案充分关照了周边城市环境，几个平面呈"V"字形的空间，通过围合、扭转和错动，形成与周边城市节点空间的对话，剖面中折板屋面的运用与平面相呼应，形成和谐又不失趣味的立面效果。

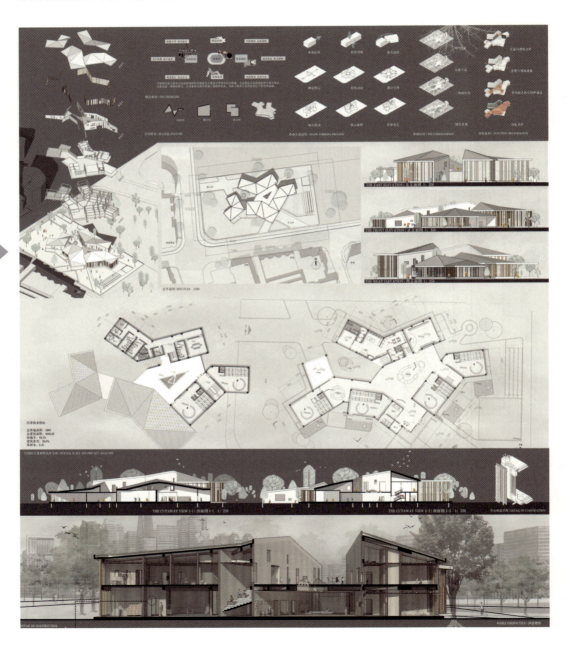

人·光·蹊径

杨凯帆
天津大学 二年级

指导老师：李伟

设计将场地、建筑与人的关系作为设计思考和概念的源点，将建筑空间提炼为若干个体验行为发生器与相应的"缝隙"空间，进而将人的抽象体验行为与具象空间序列交织起来，借助景框化处理，空间与光影的叠合，营造出一个个可停、可读、可游、可赏、可思的丰富空间序列与生动故事场景。

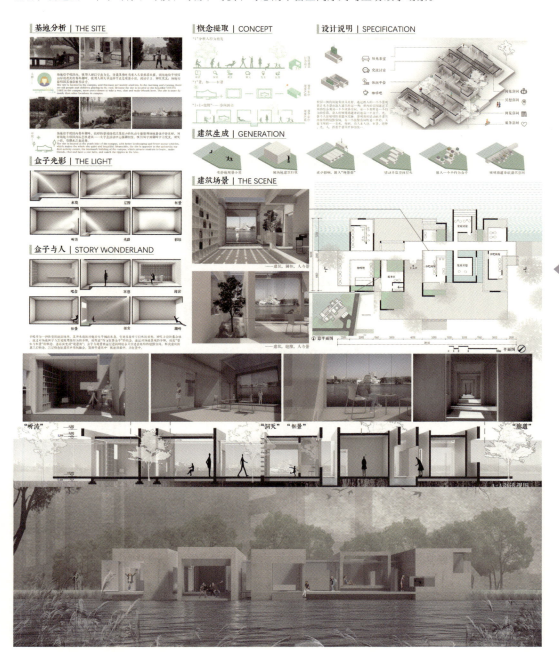

大家庭·小社区

史子涵 席润泉
合肥工业大学 二年级

指导老师：曹海婴

"回不去的乡村，进不来的城市"——这是快速城市化进程中两代人的鸿沟，也是一家人的生活现实。父辈和祖辈们无法割舍血脉亲情，却不得不分居城乡两地。如何在这城乡巨变中重塑大家庭内部的关系？进而拥有"一家人的城乡"？作者在祖居的宅基地上，以集中且功能齐全的一层大空间满足祖父母日常生活需要；以分散且功能单一的二层小空间满足父辈们短暂回乡居住和短期出租的需要，并通过外部楼梯、屋顶花园和透光天窗等连接二者。这看似简单直白的二元并置，不仅恰如其分地回应了现实生活需要，也通过上与下、内与外的区分和连接，在"大家庭·小社区"之中，找到了亲密和私密之间的平衡。

海草房博物馆概念设计

陈淑铮 朱屠昊
安徽建筑大学 二年级
指导老师：聂玮 王薇

胶东沿海的小西村尚保存有上百栋完好的海草房，如何保护与再利用这些文化遗产建筑是亟待解决的设计问题。设计者以海草房为基本单元，以小气候营造为叙事线索，通过研究生态博物馆的复合化趋势，将小西村作为完整游线，构建了原生海草房博物馆建筑（群）。设计者通过小气候主导的建筑空间重构手段，产生了"花房姑娘""断垣残壁""上房揭瓦"等十二个具有戏剧性的场景构想，以应对未来小西村的游览需求与海草房的保护需要。

错·园

李世珑
重庆大学 二年级

指导老师：林桦

本方案在分析幼儿行为和心理需求基础上，结合场地各要素，以错位、穿插造园的手法来回应幼儿空间对日照、通风和景观的严苛要求。大小院子与幼儿活动有机互动，营造出别具个性和乐趣的幼儿生活与嬉戏空间。

前市今生

周俊杰
南京工程学院 二年级

指导老师：王珺

本设计以清代杨大章《仿宋院本金陵图》画卷中宋代南京城的商业活动情境研究为起点，对比研究当今电子商务普及之后，人们在实体商业空间中商业活动的特点与需求，得出"无论古今社会交往活动都是实体商业场所另一重要内容"这一结论。据此，进一步分析古画卷中的建筑形态、布局形式，以及南京老城的街巷肌理和用地周边情况，设计出了"开放街区"，营造出亲切宜人的空间尺度，与老城相合的步行街巷，伸展起伏的黑瓦屋面，山水画般的墙面细节……仿佛与古画中的南京城产生了穿越时空的共鸣！

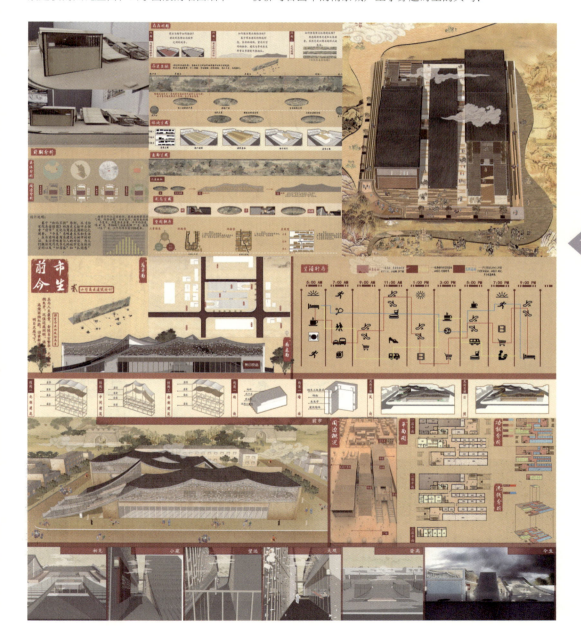

翼之屋

吴珊珊 李丽
华北水利水电大学 二年级

指导老师：董姝婧

　　该份作业将微型的建筑体量切分、重组、并置，丰富了空间体验的层次。设计的巧妙之处在于屋顶的叠加，一方面，两种屋顶结构体系的巧妙穿插，带来了构件精美的视觉体验，很好地契合了建构的设计主题；另一方面，实体操作的手法呼应了空间操作的交叉，设计逻辑清晰统一。坡屋顶蜿蜒曲折的建筑体量线掩映在群山环抱的场地环境中，分外和谐。设计的完成度无论是从图纸的表达还是模型的制作上都达到了一定的深度，值得肯定，希望能够在空间氛围的营造和烘托上再进一步精研提炼。室内利用书架把空间灵活化，桌椅根据人们的使用需求摆放，创造出较为丰富的空间。展示区、阅读区、VR 区也都放置了藏族文化的元素，让藏族文化与室内读书、科技环境融为一体，希望历史传承和现代科技的碰撞和交融能够在这个书馆发生。

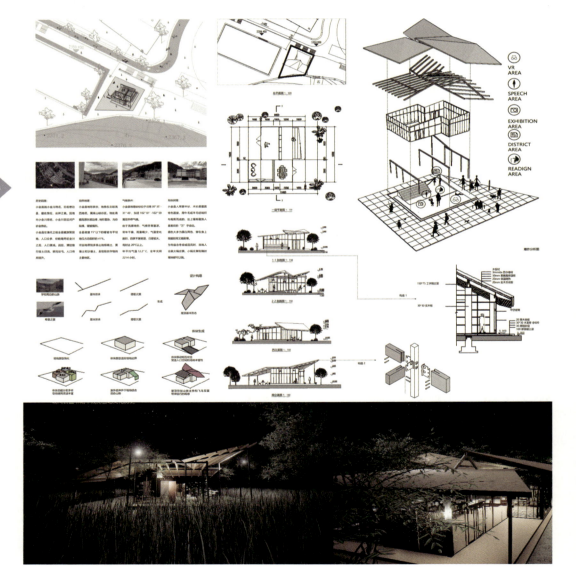

老年学习活动中心设计
——Linear Gathering

吕如清
西交利物浦大学 二年级　　指导老师：王珺

A sophisticated project founded upon solid cultural research, departed from notions of the picnic & the reading of poetry, as well as the writing of it. Very good response to the site extending based on thorough site analyses, thus enabling the project to engage with its broader context, linking it with the riverfront, with imaginative interpretations of existing case studies. Confident verbal presentation with excellent drawings, the architectural graphics are powerful & show a real sense of personal style

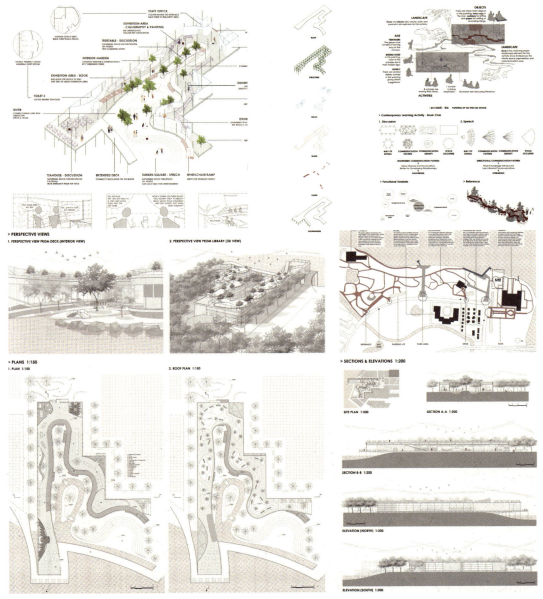

纸带屋

徐楚涵
华侨大学 二年级

指导老师：彭晋媛 周春雨

本方案从幼儿手工常用的纸带入手，立意清新质朴。折纸状的带形屋盖统帅全局，辅以多级大小、多级虚实的六边形墙体、门窗、洞口，造型简洁大气而又灵动细腻。功能用房分区合理，半室外空间组织得当，空间流线分明而又层次丰富，且对湿热地区有很好的气候适应性。屋顶采用灰白色混凝土，素朴大方；墙体、门窗采用原木色，室内装修多用原木，温馨舒适，有利于幼儿身心发展。

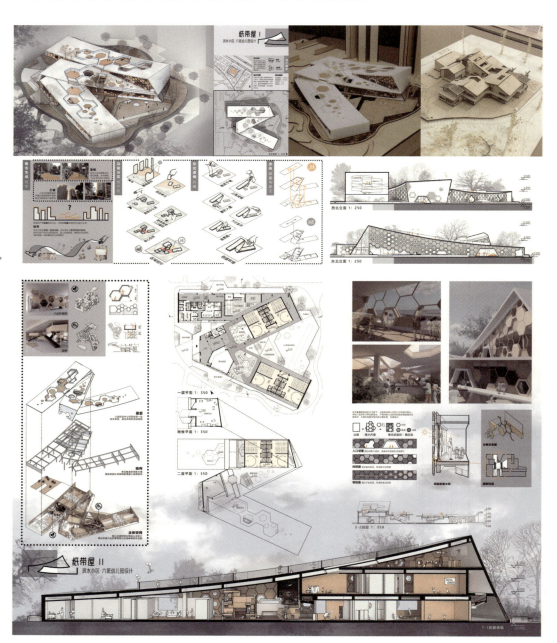

山·墙·人
——老城记忆的重构

左润雪 胡国需
济南大学 三年级

指导老师：于江 刘强

　　该方案通过将体块合理地切分与移动并外罩半透明的表皮，从而创造了丰富的视觉层次和空间效果。建筑底层架空为上部体块增加了空间感，并以此创造了一个可进入且亲人的沿河界面，提供了充足的亲水空间。建筑外表皮采用玻璃材质，半透明的质感形成了对整个建筑的统摄，其纹理展现了老城墙的意向，加强了与周边环境的融合。

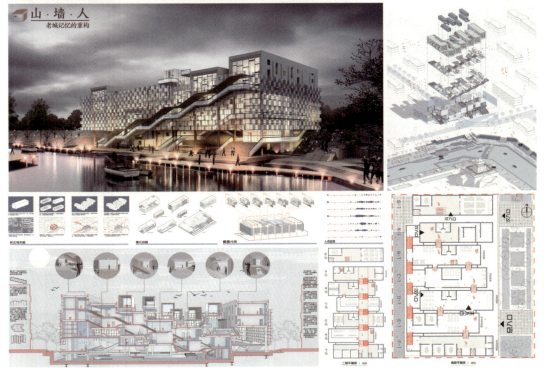

望城台

周笑
南京工业大学 二年级

指导老师：程佳佳

该作业视野宽广，立意高远，取"城墙"的意境寓于旅舍建筑之中，建筑体块依地形的起承转合之间，内外有别，主次有序，动静相隔。结合场地轴线，使游客体验行走于城墙般的空间感受，也可通过定格的框景观赏在平日繁忙生活里视而不见、可望而暂不可达的静谧远景，遥想古城的风云岁月，一个独立于外部的山中小世界得以建立。建筑选清水混凝土为材料，以简约的体块与片墙穿插，结合客房区的覆土处理，在树林中构成含蓄而低调的体量，而其厚重沉稳的质感和空间又与对岸的城墙暗相呼应。

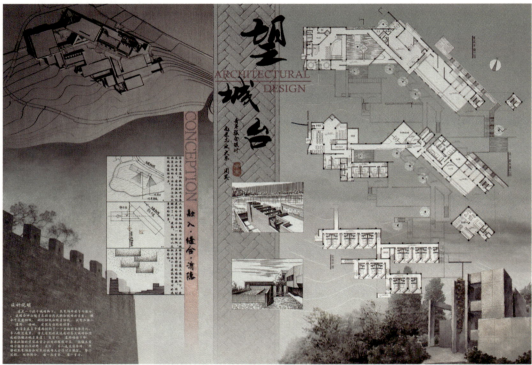

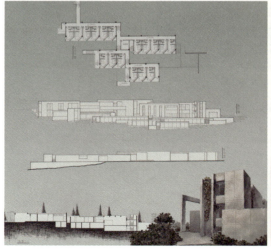

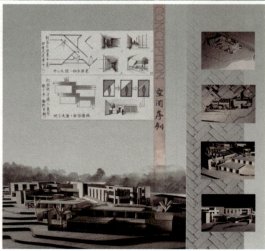

功能与文脉
——青年旅社设计

曹政
中国矿业大学 二年级

指导老师：仝晓晓

建筑采用掉层的方式，与坡度较大的场地进行融合，软硬地面、部分集装箱采用钢结构架高的方式，减少土方量，从而节约成本。各个集装箱围合了私密的场所，在各个集装箱单元均可获得良好的采光与通风，同时还能俯瞰美丽的山景。场地从接待中心的马路入口进入，所有组团互相呼应。集装箱外壳采用了竹子、藤条、白色铁皮、玻璃等材质，体现了回归自然的思想。

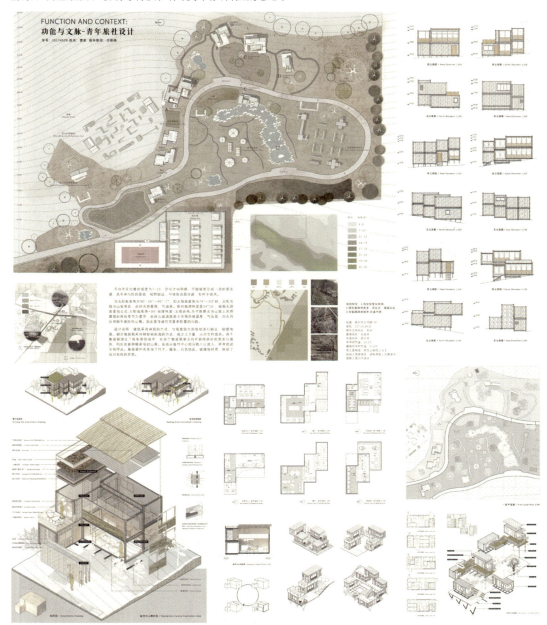

SHARE BOX
——共享住宅

李明煦
天津大学 三年级

指导老师：张昕楠 王迪

李明煦同学的共享住宅设计，通过倾斜箱体的操作方式设置共享空间的体系，创造出具有趣味性的生活空间。具体来说，在该方案中，倾斜箱体的设置成为整个设计和空间的基础和法则；箱体的不同角度，回应了事件、光线、交通等机能的诉求；进而，通过在箱体上不同位置、大小的开口，形成公共空间系统，并将剩余的部分设置为入居者的基本生活空间单位。

编织时光
——烟台历史博物馆

段德生
烟台大学 三年级

指导老师：陈中高 周术

该设计将场地限定在真实的城市环境中，又由于是城市博物馆的设计内容，使其需要可见的物质要素、不可见的精神要素以及最为重要的空间使用者。段德生的方案从流线出发，巧妙地通过"内"和"外"两种组织方式，毫无痕迹地运到不同空间要素组合与呈现的目的。"内"流线通过多种院落的分割，强调乡土博物馆展览自身的文化积淀；"外"流线串联起老城、大海和城市中的居民，强调城市自身作为展览的窗口。从而，上述两条流线交汇组成该设计课题的解答，将城市的过去与现在一同显现，凸显出场地对于城市的全部意义。

产能转换场

张国荣
青岛理工大学 三年级

指导老师：宫盛男 聂彤

　　青岛轮渡站老工业区在快速城镇化及科技驱动发展的大背景下，已不能很好地适应场所的时空变迁，设计紧跟工业5.0时代步伐，探索场所与建筑未来的演变可能性。方案基于对基地现实与未来发展需求的准确把握，以及对人文、社会、经济的综合考量，提出独特的创作理念——"物流—活动中转站"，具有较强的可行性、较好的延展性与可持续性。方案设计立意新颖，功能完善，流线合理，生态节能，结构选型适当，相关技术图纸的设计体现了设计者的思考深度。

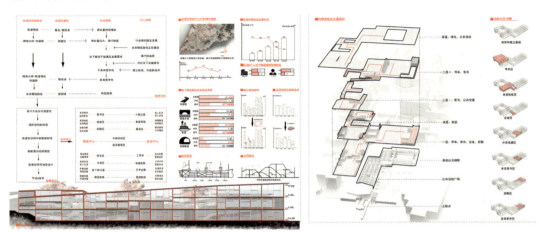

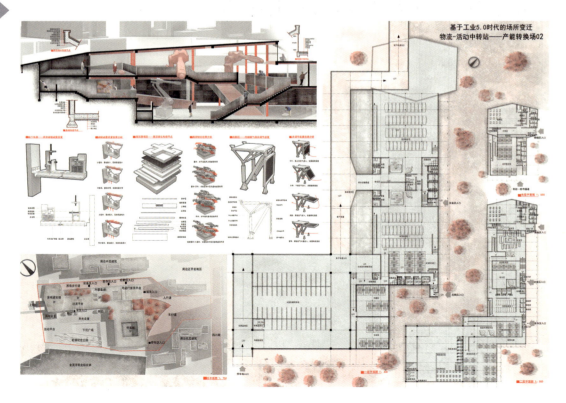

碰撞

施佳蕙
苏州大学 三年级

指导老师：叶露

本课程设计选址位于苏州博物馆南侧待拆迁的旧民居地块内。该设计在完成基地调研的基础上，提出保留基地内的民居肌理及有价值的单体，通过插建新建筑的方式，尝试用"新旧碰撞"的微更新设计模式来满足新博物馆的要求，这也是一次针对城市历史地段更新的实验性探索。该方案较好地处理了保留民居与新建建筑之间的流线及功能联系，满足了博物馆建筑的功能要求；在空间的设计上力求展览空间的对比及表现力，表现出较为扎实的基本功。若还可以结合其空间深入考虑展陈布置，可增强空间的整体表现力。

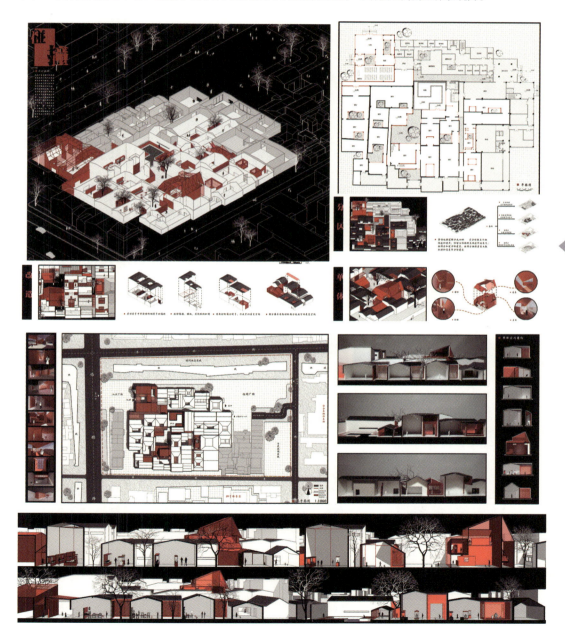

瓷缘

刘玥蓉 肖奕均
武汉大学 三年级

指导老师：王炎松

该方案设计聚焦古窑遗址更新，通过新的业态为之注入活力。以环状的总平面布局聚合和连接各个分区功能空间，联系古龙窑和传统村落，并借此与地形等高线和村落肌理产生呼应和关联。在特定的古窑遗址背景下很好地用建筑语言完成了与场地周边环境和历史文化遗产的对话，并针对城市化进程中的乡村振兴问题创造性地提出了乡村活化的思路，很好地完成了三年级设计课程中建筑与文化的设计主题。

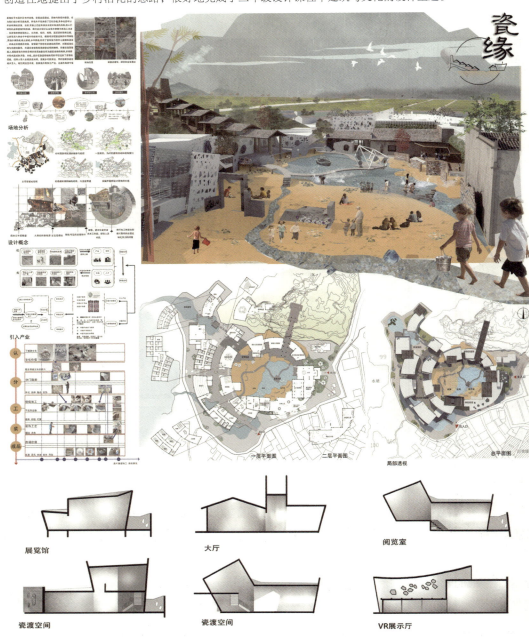

城市绿

倪特 王梦婕
重庆大学 三年级

指导老师：黄颖

该方案大胆打破房间常规布局，引入通高的绿植空间作为整个户型的中心。同时多个重要房间围绕这一中心布局，与绿植空间互动并享受绿植带来的绿意与景观。其整体空间塑造非常有创意。

各房间功能布置紧凑合理，室内布局及功能动线丰富。部分家具结合功能整体化设计较有新意。

总体方案在合理的功能布局下有所突破及创新。

零度・重生

张智林
大连理工大学 三年级

指导老师：姜旭

该设计实现了从宏观到微观的城市更新特色塑造。在设计中贴切地融入了城市发展的诉求，接续城市文化的传承。在微观层面上，以空间类型学的视角，建立设计策略与规则，从而实现对城市风貌进行多个层面的特色把控。

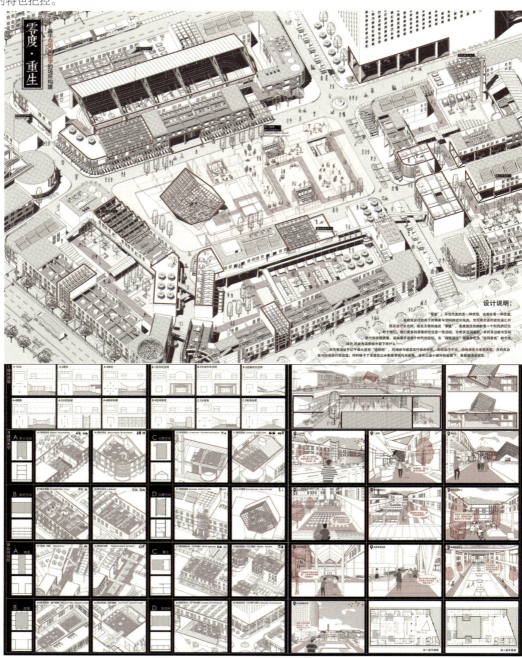

林海守卫者

陈士伟
山东建筑大学 三年级　　指导老师：李晓东 刘文 韩林海

该方案选址位于四川省凉山木里县。调研中发现当地人与山的关系密切，山给他们带来"财富"——"松茸小屋"，触发了山神文化——玛尼堆；此外，源于对大山的敬畏，当地人自发形成了救火组织，但起火时撤离极为困难。

该设计一方面处于地域人文的边缘；另一方面又是物质条件的边缘，是一个可以保护采摘人员、救火队、山林资源的庇护所：它不言不语，却满怀着对一草一木的尊重，撑起了救火队与生命之间的桥梁，也带来了群山的一丝安稳与宁静，此正为"山神庇护下的林海方舟"的意义。

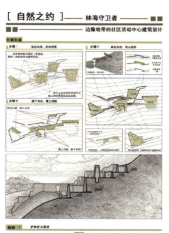
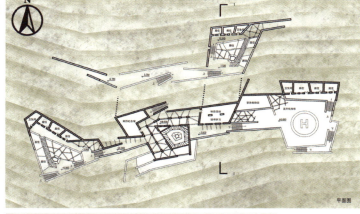

时空对话

施一豪
浙江大学 三年级

指导老师：金方

该方案以谦逊但积极的态度介入场地，以四两拨千斤的轻松姿态，建立起新、旧建筑之间的对话，并且这一对话在形体、材质、色彩、视线各个层次上均有细心的考量，张弛有度。该方案并未局限于建筑本身，同时回应了环境，通过两个盒子的扭转、分离所形成的灰空间，巧妙地衔接了地形高差，将抽油机广场和老建筑南侧的室外空间联结并激活。该方案关注人对建筑的体验，通过仔细安排中庭、楼梯、悬挑平台及玻璃窗的位置和方向，使人在游走中不断经历新老建筑之间的对望，在新与旧的强烈对比和你中有我、我中有你的相映相融中感受时空对话。

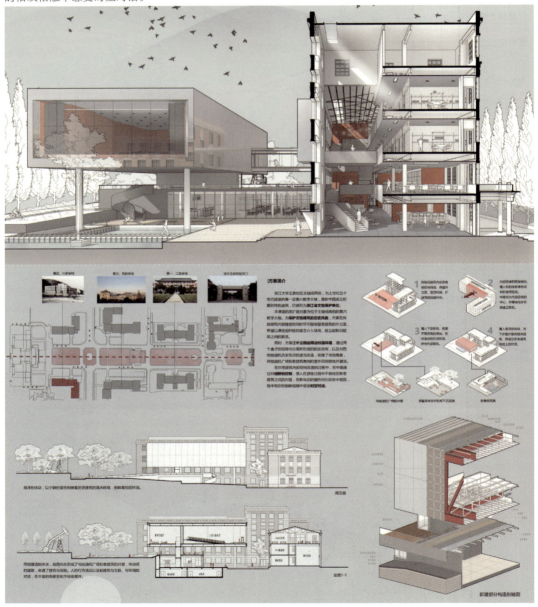

盒子"连"盟

张玮仪 卢涵
大连理工大学 三年级

指导老师：姜旭

基地选址于大连东关街历史街区，经过前期调研，我们发现此处配套设施不完善，使用空间狭小，导致住户们开始占用公共空间搭建私人领地，使得原本狭小的公共空间更加拥挤，街区也变得封闭无活力。

这个设计实现了城市更新中微更新的最大效应：不追求光鲜亮丽的外表，而是追求生活的状态；降低更新成本，通过盒子建立了地点感，把人跟环境密切的关系以小尺度做出来，增加公众参与，先做出这一个点，再做下一个点，依次做下去就能变成有活力的城市中的线性网络，形成真正有活力的街区。

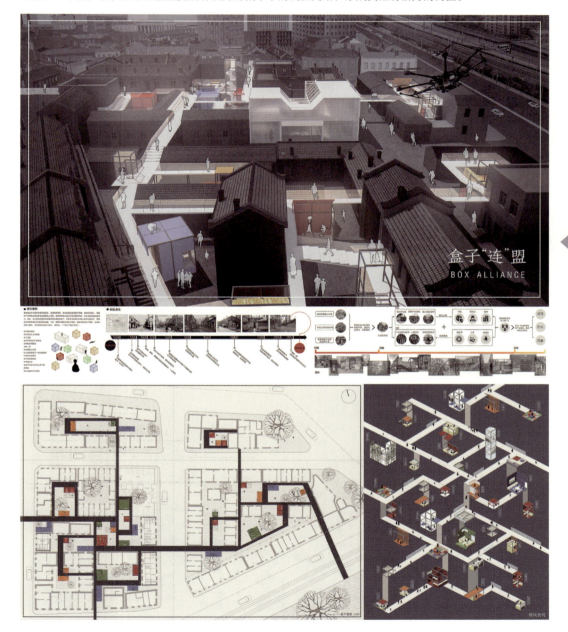

砖之间

丁瀚林
西南交通大学 三年级

指导老师：吴婧 叶雨辰

　　砖之间是一个旧工业建筑改造项目，改造建筑为南昌市699文化创意园纺织厂原址。它不只是局限于一个特定的模式，而是根据需求来进行合理的改造使用，通过建筑的功能置换和延续来实现其使用价值。在设计中通过对旧建筑的功能、空间、场所、光影的重塑以及适宜技术的引入等设计方法，创造出建筑的新功能和空间，实现其生命周期的延续。该厂房改造最大亮点在于巧妙地运用了六边形形式的特性解决了大跨度厂房内部的采光难题，将形式与功能很好地进行了统一。

丘子宁
南昌大学 三年级

指导老师：魏丹

——送仙桥古玩市场艺术家集合住宅

在城市更新中，集合住宅希望逐渐脱离实验建筑的性质，以一种具有归属感的态度，不那么强硬地出现在环境里。对于送仙桥而言，集合住宅希望提供一个重构并组织各类人群生活空间的有效办法，同时，解决古玩城艺术活力、人气不足的问题。该方案通过艺术性的功能序列组织居住空间，为送仙桥的艺术家提供一个更为丰富的生活场所；同时和古玩市场形成连续的流线以消化未来的客流，增加不同人群的接触机会，激发整个送仙桥片区的活力。

心坛城

刘文斌
天津大学仁爱学院 三年级

指导老师：陈书砚

环境、场地、建筑、室内，再与住客心境，此五者综合考量，再次暗示坛城空间意象，主题一以贯之。建筑形式及材料语言，兼顾设定地方特色，与建筑主体内外空间协调，疏密有致，开阖有度。简单地形条件做出如此解读，督促教师团队反思，有效的叠加式知识积累，可由更为有趣的题目做出回应。

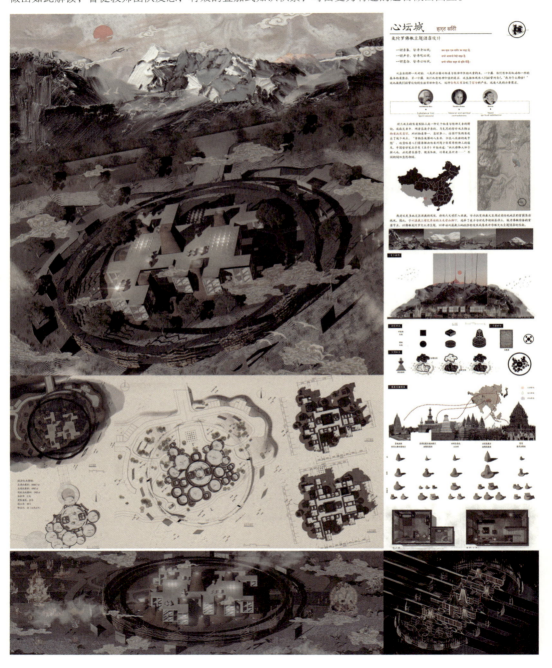

架景叠园
——基于立体庭院空间探索的社区图书馆设计

杨啸林
河北工业大学 三年级

指导老师：胡英杰

  杨啸林同学从天津城市边缘老社区的日常生活观察出发，从功能与场所空间的设计回应社区居民需求。他为这里的居民设计了一座基于立体庭院空间探索的图书馆，供社区居民阅读、社交以及文化活动。设计的出发点既带有理性的思考又有质朴的人文关怀，是将感性情绪结合了缜密的调研与观察，付诸理性的设计。在实现设计意图的过程中，他提出以下几个问题：如何将场地资源与当代人们对于图书馆的需求结合？如何让图书馆像园林一样惬意、自在？如何在传承中满足当代的需求？这是非常可贵的逻辑思考和建筑设计探索。

故祠新演

李飞扬 王妍蒙
重庆大学 三年级

指导老师：孟阳

　　该方案以保留贵州习水县土河村粮仓为起点，以地方传统特色工艺蜡染为主题，铺陈新的建筑群体关系，兼顾乡旅功能完善与聚落空间生长；而粮仓的改造设计从现存实体与历史叙事之间的错位切入，通过轴线空间重塑再现场所记忆，方案以传统乡村社会 – 空间思考解题，从不同层面表达了对当代乡旅发展背景下山地传统聚落空间更新的建筑学思考，充分回应了"休旅介入，乡村更新"的课程主题。

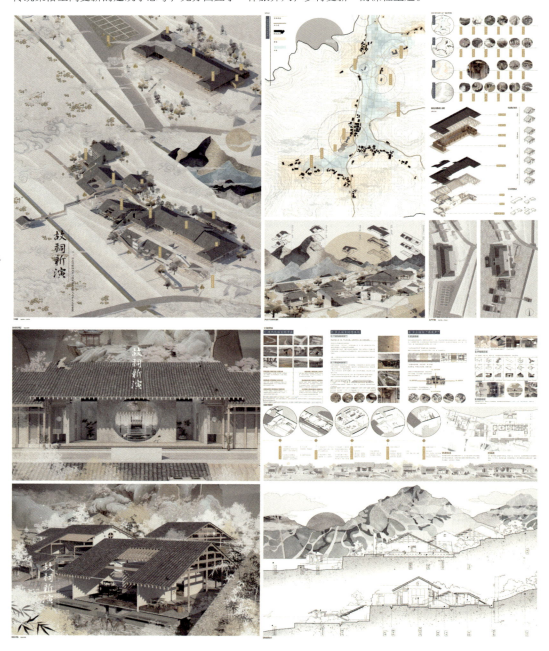

弥合
——基于前商后宅模式的三河古镇游览体验升级项目

张一 陆春华
安徽建筑大学 三年级
指导老师：解玉琪

这是三河古镇的一个游览体验升级项目。现在的游览活动主要在商业街部分，前商业后住宅模式因时代变迁等原因，中间部分成为危房被废弃，导致了古镇空间与流线割裂，可达性差，游览体验弱。通过置入不同主题的盒子组团（比如茶楼、活动中心、展览中心等），将空间路径与人的游览活动弥合，实现高可达性、强连续性的丰富的古镇游览体验。该方案对三河古镇的旅游发展调研充分，理解准确，抓住"前商后宅"这个问题点，解决由此带来的割裂问题，提出了三河古镇下一阶段提升为旅游古镇的发展模式。

阡陌之上的新型邻里关系
——从回忆到回归

陈慧雯　武汉理工大学　三年级　　指导老师：王晓

陈同学此次的课程作业在对基地进行深入调研的同时，提出了不同人群的需求与现状之间的矛盾，并分门别类地根据不同的问题提出解决措施。此作业主要分为四个部分，一是对基地背景进行介绍以引出由于历史原因基地中存在的问题，其他三个部分则根据现状问题提出解决措施。针对社区引入具有市井气的里分，针对群体建筑引入中国古典园林，针对人与人之间的交往引入"合台型"的相处模式以激发交流，针对环境引入"即时、即地"的概念为空间发展留有余地。总而言之，该设计概念新颖、功能合理、空间丰富、室内外空间设计周全，同时较好地满足了教学主题的要求，新建建筑与原有老建筑的关系协调同时又具有变化，是一个较为优秀的设计。

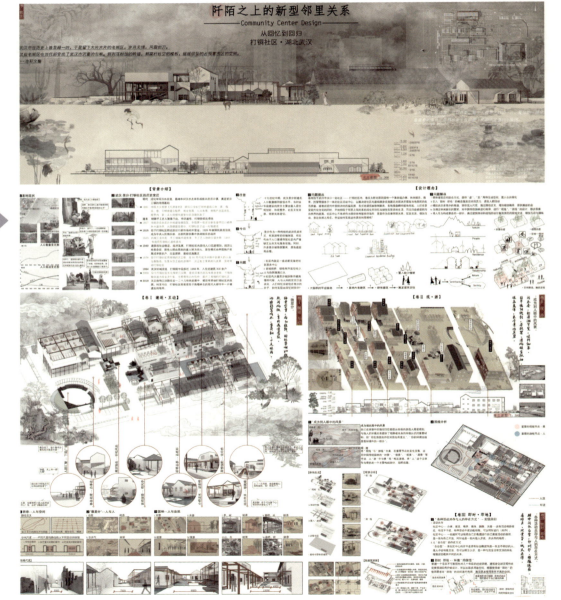

光影发生器

魏欣华
天津大学 三年级

指导老师：杨菁

课程训练的目标有两点：第一，要尝试从概念到形体的生成过程；第二，任务书强调从图解生成逻辑和图形，只对基地和总面积进行了限定，需要学生通过前期研究确定三个具体功能，以及空间模式，再对其进行组合。魏同学的方案选在了基地中的山坡上，山崖面向村落。方案的主要概念以喀斯特地貌的岩洞作为出发点，串联私密空间——艺术家自宅，公共空间——艺术家作品展厅，半公共空间——沙龙酒窖，三种不同的功能，并赋予它们相应的空间形态。三种空间的组合方式结合地形，刻意在形体上分离，但是却统一于光影的变化中。

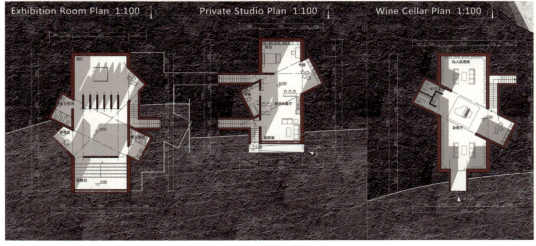

隙生苗黛

吴梅蕊 崔潇方
重庆大学 三年级

指导老师：孟阳

　　这次的课题是旧建筑改造，地址选在贵州习水县土河村。土河村的优势资源是舒适的自然环境和独特的红苗文化。方案设计紧扣课程主题，透过对相关摄影作品的解读，敏锐地捕捉到图像叙事中的空间手法，并能将对空间关系的认识转换为对当前乡旅建设中城乡社会关系的思考，进而结合对改造对象的空间—结构关系分析研究，在设计中又回到空间这一主题，在充分理解和利用现状建筑空间特征的基础上，以独特的方式再现传统工艺场景，并试图引发出更为丰富和深刻的体验与思考；设计过程在图像解读—空间想象—人文关怀之间往返游走，难能可贵。

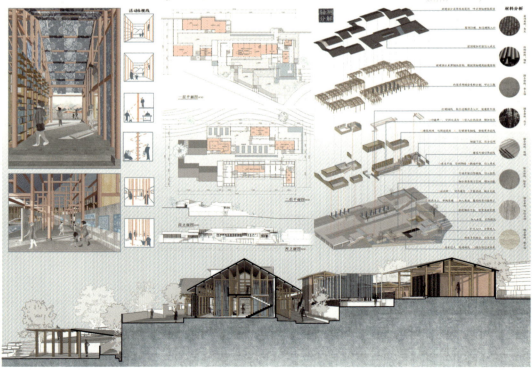

荔水间

许依琳
华南理工大学 三年级

指导老师：吴桂宁

方案基于场地位于传统居住街区与荔枝湾景区交汇处的特性，利用博物馆建设的契机，成功地营造了一个功能复合、活力充分、形态相宜的公共节点。通过博物馆的展示功能附以博物馆外的会议厅、咖啡厅、沿街店铺、地下车库，在场地内设计了一个功能复合建筑，改善了该区的总体功能与整体环境，解决了荔枝湾景区中心节点的停车问题。建筑总体布局靠南，留出较空旷的临水公共空间，同时通过南北架空通道将南面居民区人流引向水边，地下车库出口设置有利于提高该建筑与公共空间的节点功效。整体设计充分体现了策划—构思—细部处理—表达的全过程。

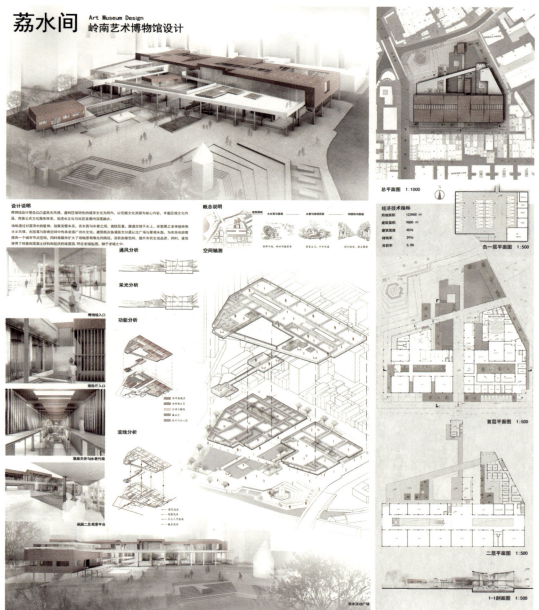

叠厢书院
——学生宿舍综合体设计

乔大漠
北京建筑大学 三年级

指导老师：任中琦

乔同学运用空间模型操作，形成公共空间相叠加的形态体现，使得每个空间及功能互相呼应和连接。在最后的书院设计阶段，加入场地环境的考虑，增加开放的下沉空间，并且将人的流线和交通在其中安排得更为合理，最后体现出兼具开放性和私密性的书院综合体。设计从小尺度的舍出发，再到尺度和功能更大更丰富的堂，进而到复合空间的书院，通过空间模型操作方法，最后形成公共空间的叠加、穿透和咬合。书院空间与功能互相呼应，较好地应对了校园对学生宿舍及活动空间的需求。

缝隙之间
——传统街巷场所的再现

罗康丽
合肥工业大学 三年级

指导老师：王旭

　　本方案为某风景旅游区的中型宾馆设计。方案从对基地的最大保护化原则入手，将地形基于模数化进行三维分解，结合旅馆的单元式功能特点，通过三个维度的拉升、压缩，得到了空间形态与功能最大化结合的可能性。结合地域化的传统街巷空间，对空间及地形进行进一步的归纳与操作，进而形成线性的外部空间。最终通过模数化的屋顶肌理形态，表现出对基地、街巷、居住空间三者的统一。对于可持续的思考，从设计出发点基于地形的保护策略开始，贯穿始终。方案生成具有较强的内在逻辑性。作为三年级的课程设计作业，反映出作者对于建筑设计基本功的把握，对于理性的设计手法的探讨和对于可持续策略的考量。

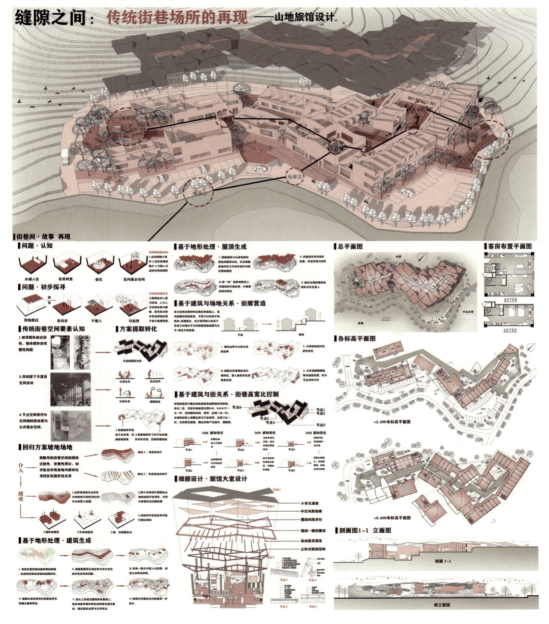

城市记忆
——城市博物馆设计

杨紫依
华南理工大学 三年级

指导老师：遇大兴

该方案基于特定的地域环境，从"城中村"这一特定的城市现象中，调研并提取空间要素，加以提纯、分解并转译为现代的公共城市空间。该博物馆有别于传统的博物馆空间，体量化整为零，小中见大，结合城中村市民的生活，创作出较丰富的空间序列，可供周边市民充分利用。作品强调混沌与有序、村落与都市、传统与现代的对话。

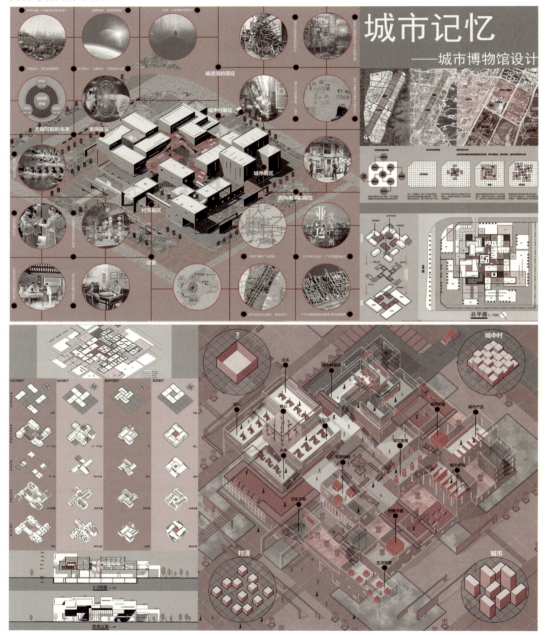

新型学习空间再塑
——基于产业链概念的机械城市

吴迪
华中科技大学 三年级

指导老师：雷祖康　Ken Lei

本次设计选址于我国夏热冬冷型气候环境的华中地区纯理工科研究型大学华中科技大学。直率、刚性、理性、逻辑处理能力强，为理工科学生所具备的基本认知特征；然而，如何在学生所拥有的本质能力之外，融入含蓄、柔性、感性、文艺陶冶的平衡性的自我习得，为本次设计所探索的核心论题。融入自然，融入文化，为本次设计的另一项重点。学习固然为环境使用的首要考量，然而教师与家属也生活在校园之中，也需考虑如何利用设计环境与活动的优势，将不同人群引入，结合发挥寓教于乐的自我学习的最佳优势。

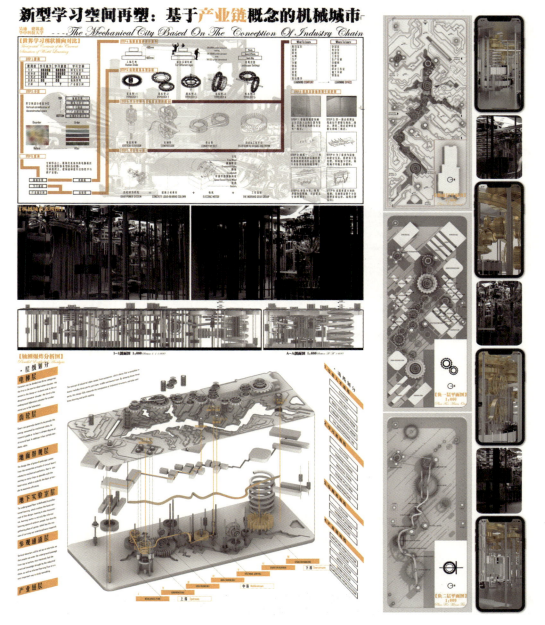

市民活动中心设计

颜妮
郑州大学 三年级

指导老师：刘文佳 任晓峰

该设计基地位于高架桥与铁路线之间，本方案结合地块内特有的历史文化因素及景观资源，通过合理的建筑选型、空间联动及功能布局，有效缝合了基地与周边环境的肌理，强化了该地段的文化特质及业态凝聚力，提升了这一特殊城市地块的活力。

在建筑设计方面，该设计很好地掌握了复杂空间及功能的布局、流线及细节的把控，制图工整、过程完整、表达清晰，很好地完成了课程设计的要求，实现了建筑视角与城市环境视角的"融合与统一"。

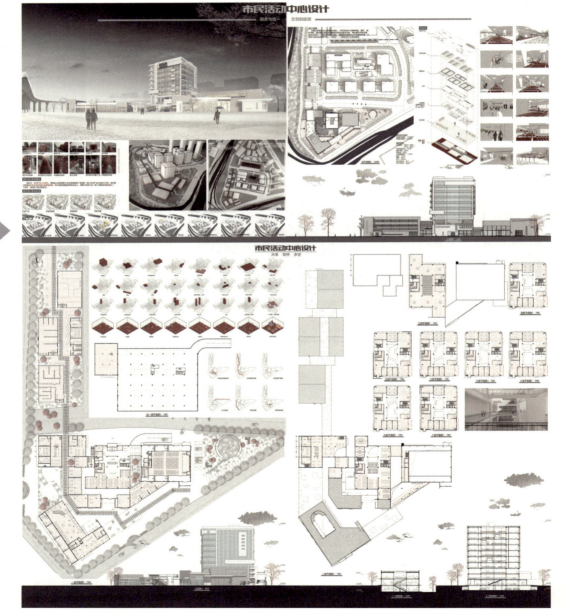

立体游园

赵晔
中南林业科技大学 三年级

指导老师：何玮

该设计对场地及周边环境进行了充分调研，很好地处理了场地与城市的关系。总平面布置合理，流线清晰，利用运动场尽量远离了城市的喧嚣，给予小学生使用时间最长的普通教室最佳的日照采光以及通风与隔音，功能完善、空间丰富。教学楼群由北往南分别为低年级、中年级、高年级使用，由连廊联系，多功能教室布置在廊道的东侧，空间变换宛若时光隧道，建筑体块穿插活泼有趣，色彩明媚，建筑细部及小空间的趣味性可圈可点，为孩子们创造了真正的立体游乐学习空间，美好童年在此定格。

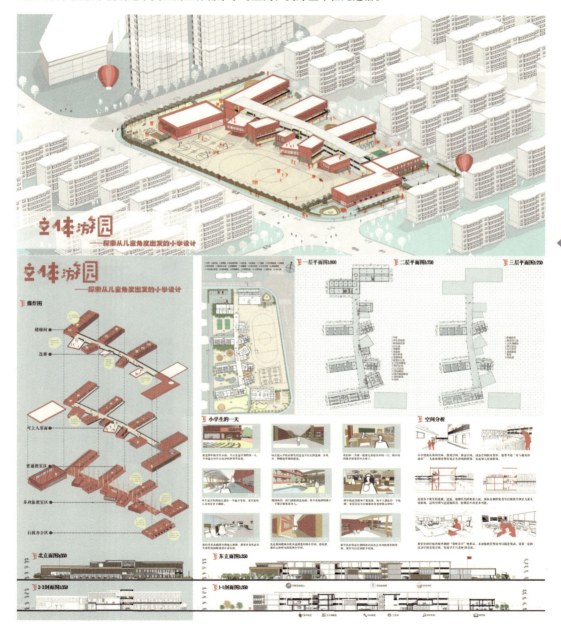

寻垣·逐光·逢镜

张淳铖
东南大学 三年级

指导老师：唐芃

这是一处同时面向城镇和乡村居民服务的文化艺术中心，场地处于村镇历史文化街区旁，面向城市公共道路。方案利用水面作为过渡，缓和了符合乡村肌理特征的小体量功能体块与音乐厅所需要的大体量功能体块之间的对抗。在水面周围设置了符合当地文化特征的陶艺工作室与市民演艺场所，并使周边居民日常生活的活动在水面与小景观周边发生。同时方案还通过矮墙、有侧向光的光廊，以及二层的绿廊等设计，塑造了环游在景观周围的丰富活动游线。

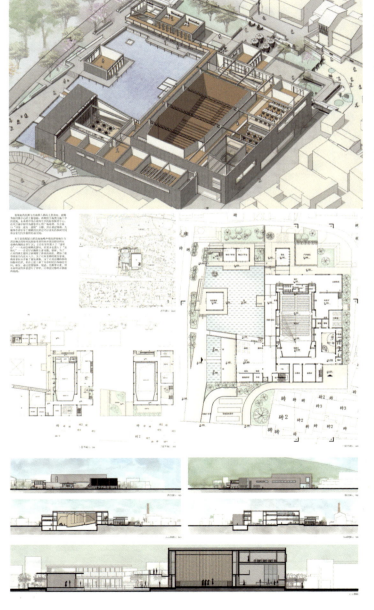

Under The Dome

韩卓 罗智勇
扬州大学 三年级

指导老师：苏锰

该方案以最简洁的圆形平面很好地应对了校园的轴线关系、类梯形场地、已建方块形建筑肌理等诸多问题和挑战。通过集中式的平面布局、服务空间与被服务空间的合理组织、自然光线的过滤和引入、清水混凝土和玻璃质感的对比向路易斯·康等大师致敬，并以大胆有力的现代结构和构造技术的创造性运用，赋予穹顶新的生命力，塑造了一处具有古典气质的现代化校园图书馆。

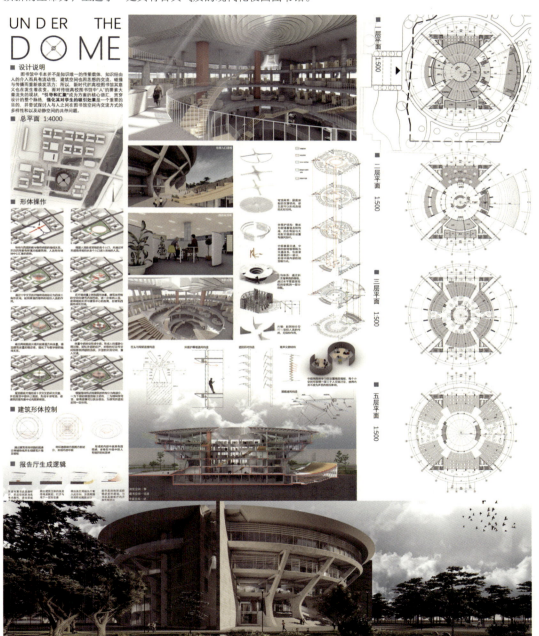

荫

王杰 陈凯文
河南理工大学 三年级

指导老师：庄昭奎 张萍

在此次设计中，基地周边有大量的清代古民居，如何处理新旧建筑关系是设计者面对的首要问题。方案设计回归到建筑的本质，在建筑空间的营造中，体现出明显的乡村特征，与周边建筑形成呼应。同时注重场所精神的塑造，提取老树、庭院等典型的乡村符号，升华得到"荫"这一设计理念，通过建筑语言比拟"遥望故乡老树"这一情境，寄托乡愁、乡情，在建筑空间上达到本方案的高潮部分，同时也是本方案的设计亮点。

忆栈
——山地会议中心

谭楚珩
长安大学 三年级

指导老师：张磊 刘明

谭楚珩同学的这个山地会议中心设计所呈现出最大的感知就是"尊自然、敬人文"。当她选址在秦岭北麓子午古道起端时，就已做好会议建筑如何面对"宏大"自然环境及历史人文所带来的挑战。设计开始并未直接简单地分析环境与布置空间，而是从"栈道"入手，找出其既为适宜的山地之径，又是承载子午古道历史人文之器，继而提出"栈道模式"为建筑形式打下基础，通过空间形体和地形的有机结合，生成山水诗境之"文化容器"。

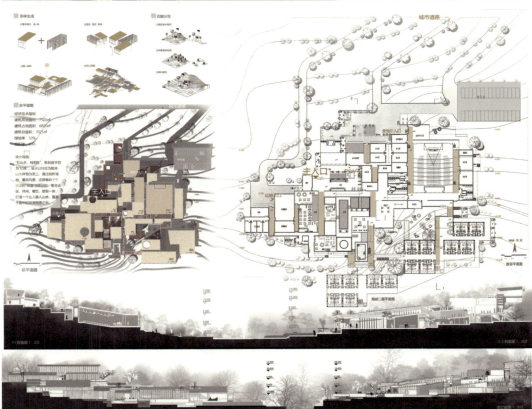

院影重重

齐磊
东南大学 三年级

指导老师：徐宁

　　游客服务中心是风景环境中常见的景观建筑类型之一。设计者以景观建筑设计师的独特视角，面对清凉山公园这个特定场所，从不同的要素层面逐层分解，关注主题、环境、气候、场地、植物、文脉、空间、视景、功能、交通、服务、建构等各个方面，有意识地"设计结合环境"，塑造了关于时间的组织，以及在时间和空间变化中体验的成长系统，构建了同时面向传统和当代的本土建筑，营造出具有归属感的场所氛围，以创新方法再现了我国传统山水文化内涵和人文精神营造。

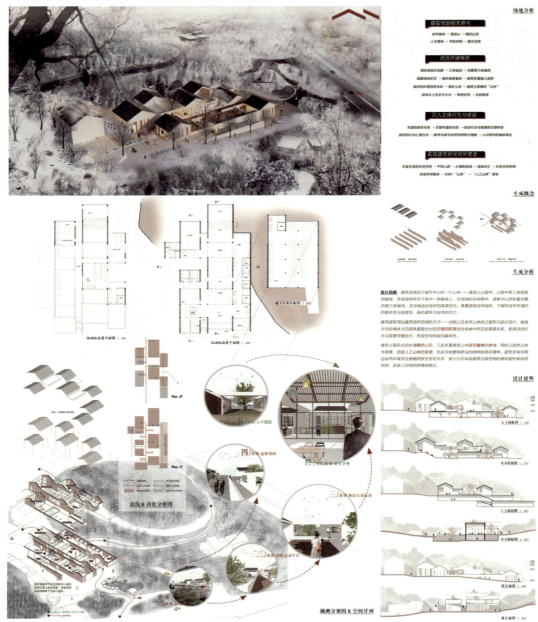

架空层的"n次方"

周虞子 魏正旸
中南大学 三年级

指导老师：罗明 宋盈

该方案以城市老城区中一栋20世纪90年代普通多层住宅楼的架空层为更新对象，基于对原自组织空间的内在需求分析，根据儿童行为心理的特点，通过水平方向上空间尺度、形状、质感的变化，在垂直方向上植入流线型空间，重新激活和增强了空间行为的多重张力，将脏乱的"非功能空间"转化为充满童趣的"多功能空间"。在外部依然保持了建筑的时代特征，内部则因为空间的流转而生动外溢，使得普通的"架空层"不仅是积极的展示者，而且是成长的无形陪伴，达到"空间伴随成长而流动"的设计目的。

校城边界的"共享客厅"

欧阳咏欣 黄芷敏
广东工业大学 三年级　　　　指导老师：海佳

设计者基于复杂场地关系和多样化人群特点，而构建起建筑的基本功能形态；同时，通过引入"共生理念"和"被动式策略"进而实现对于建筑公共性、生态性以及复合化内涵的整体塑造，并也因此赋予其空间语言以更鲜明的逻辑性和时代感，创造出了多样且富有戏剧感的人性化交往场所，达成了对于"场所－环境－人"三者之间关系的深度思考。

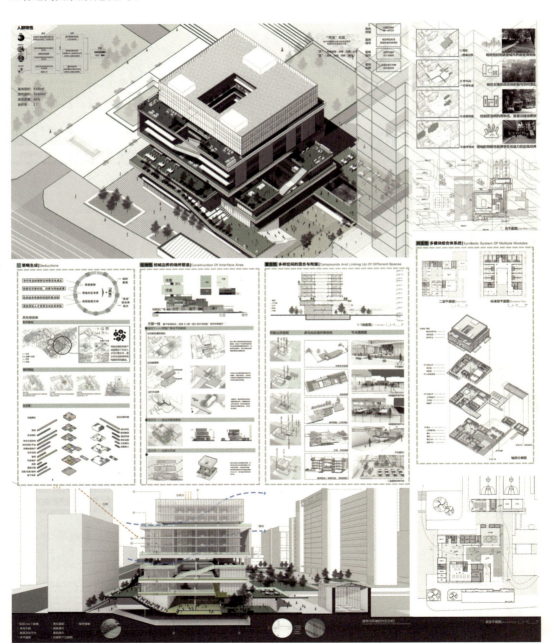

MEMORIAL

章雪璐
浙江工业大学 三年级　　指导老师：赵淑红 侯宇峰 朱怿 陈馨茹

　　章雪璐同学的方案"MEMORIAL"希望打破博物馆固有的感受空间、展览展品的功能特性，降低它的建筑属性，让博物馆成为"自然"与"建筑"之间的"过渡建筑"，让人们更多地关注"建筑外"而非"建筑"本身。建筑主体采用下沉与上浮的手法，一层大场地小建筑的格局，整体挑空，制造悬浮感，创建多层次的虚体空间，虚中有实；南北轴向南进北退，北侧设置水的虚体承接钱王祠并建立路径关系的同时，通过建筑退让彰显对古建筑的尊重；最终形成了西西湖、东市街、北水苑、南景观、中建筑的整体格局。一层的挑空，令建筑对自然的阻隔达到最小，将城市与西湖、钱王祠与柳浪闻莺，自然联结，融成一体。

归彝

杨斯捷 高亚男
重庆大学 三年级

指导老师：黄海静

在"云南村落彝族文化展示建筑"这样一个设计题目下，学生跳出传统的乡建思维，一是设计构思角度新颖，从游客与村民的关系出发，借由参与式体验使游客关注当地村民生活，通过空间操作意图达成对彝族文化的认同；二是空间组织逻辑清晰，采用村落空间原型的提取与反转构成布局肌理，通过系列空间展示引导游客对彝族文化的直观感知。建筑的失语强调了文化本身，给参观者带来别样的空间体验。

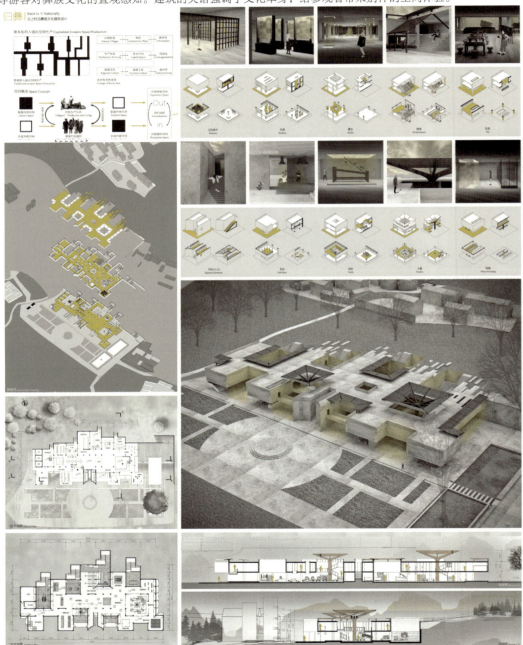

"艺术+"

辛萌萌 韩奕晨
重庆大学 三年级

指导老师：田琦

学生能真正立足于重庆市沙坪坝区三河村的发展需求，做了大量的实地调研、资料数据的研究。针对当下城市近郊村落存在的代表性问题——农居中存在大量有安全隐患的闲置空间，采用了将周边资源引入和村内资源整合利用的手段，从乡村策划、功能置换、结构更新等方面出发，达到村民、艺术家和游客三者共建共赢的目的。

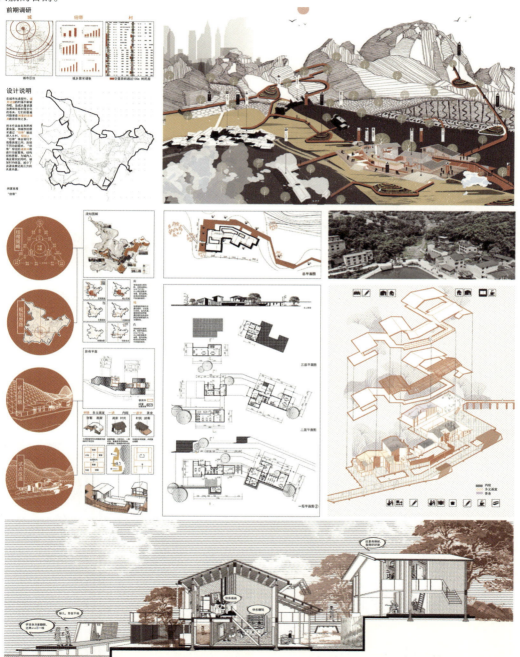

甘静雯
南京大学 二年级

指导老师：王丹丹

　　甘静雯同学"我想让设计有江南园林的感觉"的设想不失为一项冒险。一开始，她尝试采用散落的体量找到感觉，并很快意识到这种方式和江南园林之间只存在平面上的类似。几番尝试后，甘静雯确定了最终的设计：用连续的外墙和四道内墙，同时限定出以风车状分布的室内外空间；再通过墙上的开洞，塑造出空间之间的层叠关系，让它们相互连通、渗透与交融。最终的设计有严整的平面秩序，空间上却具有江南园林"虚中有实，实中有虚"的韵味，是兼具想象力与控制力的佳作。

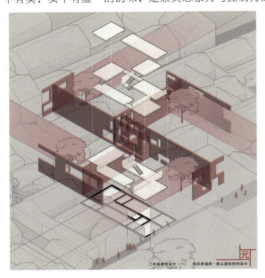

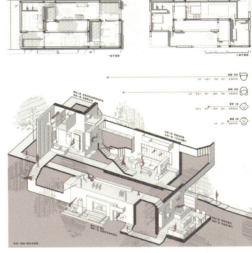

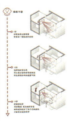

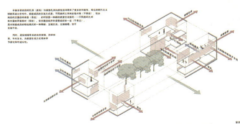

Share House
——东京垂直住宅

齐越
天津大学 三年级

指导老师：王迪 张昕楠

在 Share House 这一类型的住宅中，整个功能体系呈现出一种 Bedroom+ 的状态，即保证入居者最基本的生活空间单位，而将其他的行为活动组织在公共生活空间中。齐越同学的设计，以满足卧室机能的最小化尺度为模数，将其实现于空间和结构系统的组织之中，并在共享空间的营造中将功能空间和活动空间有效地组织其中，通过卧室单元的纵向联系，贯穿了不同的空间层级。

04 竞赛花絮
Titbits of Competition

SEU · Chinese Contest Of Rookies Award For Archi Students

1 写在前面　　2 评委寄语　　3 优秀作品　　■ 4 竞赛花絮

讲座现场

作品展览

互动交流

建筑新人赛 2019 CHINA 东南·中国

终辩现场

颁奖现场

比赛场景

- 1 写在前面　　- 2 评委寄语　　- 3 优秀作品　　- 4 竞赛花絮

游览汤山矿坑公园

参观倍立达工厂

石膏设计体验活动

沙龙活动

2019 东南·中国建筑新人赛 logo

设计说明

本次建筑新人赛的主题是"自然与人居",logo 将房子与自然相融,简洁而又巧妙,强调了建筑与自然的和谐共处,很好地呼应了本次新人赛的主题。

Banner

初赛海报

设计说明

2019东南·中国建筑新人赛的海报由四个分部分"贰、零、壹、玖"组成,其主题是人居与自然,这二者的矛盾与冲突在如今的城市规划、建筑设计建造中显得愈发明显、激烈。协调人居与自然的关系是一个相当宏大的命题,而作为建筑新人赛事海报,设计者力求用一种明快的拼贴剪纸风格来表现这样一个题目,使它显得和参赛者更加亲近。在意象上,用斜线分割城市建筑与山林,城市的倒影是自然山水,反之亦然。海报意在将两个看似在城市发展中矛盾的层面相互拼接穿插起来,点明人居与自然真正的关系——和谐共生。

拼贴风格的建筑剪影棱角分明,简明轻快。地标性建筑如紫峰大厦、东南大学四牌楼南大门等,暗示了建筑新人赛的举办地点。

线条笔直严谨的建筑剪影开始向弯曲柔和的自然景观过渡。

从东南大学大礼堂延伸出的是绵延起伏的山脉,人居与自然紧密相连,和谐共存。

由树木与山脉所抽象化的自然,是如今建筑设计所希求结合的主题,也是未来人类更加关注的主题。

8.7-8.9
前一百作品展出/前工院一楼展厅

活动形式：
同学们自愿上台展示自己的作品，下面的同学可以自由点评，互动交流，在活动结束前由老师们进行点评。
活动参与者将会有纪念品赠送。

活动时间与地点
前工院
2019/08/17

主题沙龙活动
方案展
小交流

2019 CHINA 东南·中国 建筑新人赛

主办方：东南大学建筑学院和东南大学建筑设计研究院有限公司
协办方：建筑学报
承办方：2019东南·中国建筑新人赛组委会

沙龙活动

学术讲座

164

建筑新人赛 东南·中国

讲座 2019.08.16

董功 — 直向建筑创始人 主持建筑师
美国伊利诺伊大学客座教授（Distinguished Plym Professor）
清华大学设计导师

李立 — 同济大学建筑与城市规划学院教授/博士生导师
若本建筑工作室主持建筑师
麻省理工学院访问学者

穆钧 — 北京建筑大学教授/博士生导师
中国建筑学会生土建筑分会常务理事
联合国教科文组织"生土建筑、文化与可持续发展教席"中国区负责人

王维仁 — 香港大学建筑系教授
明德基金会东建筑设计教授席
香港建筑师学会/美国建筑师学会会员

魏春雨 — 东南大学建筑设计及其理论博士
湖南大学建筑学院院长（教授）/博士
中国建筑学会理事会理事

庄慎 — 国家一级注册建筑师
阿科米星建筑设计事务所合伙创始人
同济大学建筑与城市规划学院客座教授

签名墙

日程安排

垂挂喷绘

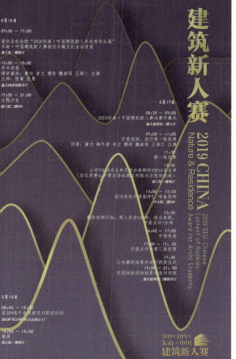

混凝土笔筒

T-shirt（黑版）

混凝土手机支架

T-shirt(白版)

A | 扇子
B |

文件夹　　　　　　　　　　　　　　　　　　帆布包

170 | 尺度人工字钉
小新

纸胶带

尺度人书立

05 竞赛名录
Lists of Participants

SEU · Chinese
Contest Of Rookies Award
For Archi Students

- 1 写在前面
- 2 评委寄语
- 3 优秀作品
- 4 竞赛花絮

参赛者名录
共1691人，按拼音首字母排序

A					
		曹兆和	中央美术学院	陈慧雯	武汉理工大学
阿都尔布	厦门理工学院	曹政	中国矿业大学	陈佳蕙	西安建筑科技大学
安可欣	苏州大学	曹之畅	昆明理工大学	陈佳楣	浙江大学
		曾而攀	大连理工大学	杨国升	
		项毓		陈江	东南大学
B					
白金妮	郑州大学	曾港俊	安徽建筑大学	陈京涛	沈阳建筑大学
白志慧	内蒙古工业大学	曾令哲	香港中文大学	陈俊	天津城建大学
白宗锴	西安建筑科技大学	曾南蓝	深圳大学	刘默禅	
柏君来	南京工业大学	曾天成	昆明理工大学	陈凯文	河南理工大学
包彦琨	东南大学	曾祥诚	西安建筑科技大学	王杰	
包乙何	重庆大学	黄悦阳		陈恺凡	山东建筑大学
毕心怡	天津大学	曾莹	厦门理工学院	陈柯旭	东南大学
		柴博涵	郑州大学	陈科霖	中国矿业大学
C		陈彬	浙江工业大学	陈可欣	天津大学
蔡皓明	西安建筑科技大学	陈楚琪	吉林大学珠海学院	陈霖帝	郑州大学
王俊成		陈闯	石家庄铁道大学	陈柳颖	华中科技大学
蔡淑琪	南昌大学	陈德绅	合肥工业大学	陈龙	合肥工业大学
蔡舒怡	西安建筑科技大学	陈放	天津大学	陈露鸣	深圳大学
蔡雨孜	华中科技大学	陈飞宇	西安建筑科技大学	陈美静	浙江大学
蔡云琦	大连理工大学	陈夫静	武汉大学	陈淼森	厦门大学
侯雅洁		辛文玥		陈明	中央美术学院
蔡臻	西安建筑科技大学	陈功达	同济大学	陈沛瑶	华中科技大学
曹畅	苏州大学	陈航	安徽建筑大学	陈茜文	天津城建大学
曹楚晨	河北工业大学	李林松		齐冬晨	
曹丹瑞	大连理工大学	陈昊	中国矿业大学	陈秋岑	中央美术学院
曹靖男	建筑与艺术设计学院	陈昊轩	重庆大学	陈秋杏	苏州大学
曹楠	华中科技大学	陈浩尧	同济大学	陈士伟	山东建筑大学
曹宇辰	湖南大学	陈皓琳	天津大学	陈淑铮	安徽建筑大学
曹羽佳	南京工业大学	陈潞晴	华南理工大学	朱屠昊	
龚宏宇		陈华雯	西安建筑科技大学	陈思诚	北京建筑大学

5 竞赛名录

段夕瑶		陈之睿	云南大学	崔薰尹	山东建筑大学
陈思创	昆明理工大学	林道炀		崔玥君	大连理工大学
陈颂	湖南大学	陈志强	山东建筑大学	岳慧敏	
陈涛	河南科技大学	陈挚	东南大学	崔云舒	哈尔滨工业大学
陈天诺	山东大学	陈智敏	金陵科技学院	谢洲扬	
陈雯丽	西北工业大学	陈忠	青岛理工大学	崔肇麟	东南大学
陈曦迎	厦门理工学院	陈茁	北京交通大学		
陈骁麟	沈阳建筑大学	陈子郁	东南大学	**D**	
陈潇然	天津大学	成浩然	湖南大学	代啸鸣	北京建筑大学
陈小池	西交利物浦大学	李浩宁		马彪	
陈亚丽	山东大学	程东元	东南大学	代阳阳	昆明理工大学
王丽慧		程丰睿	湖北工业大学	邓晗悦	天津大学
陈彦谙	郑州大学	程丽	华中科技大学	邓佳璐	西北工业大学
陈阳	中国矿业大学	鞠雨晴		邓佳汝	大连理工大学
陈怡冰	重庆大学	程琦	河北工业大学	邓立瑞	东南大学
杨涛		程倩彤	华南理工大学	邓美慧	华南理工大学
陈轶男	东南大学	邓美慧		邓袭珈	中央美术学院
陈奕凡	同济大学	程善祥	吉林建筑大学	邓绪枫	重庆大学
陈逸凡	中央美术学院	程世纪	东南大学	李卓颖	
陈宇	北京建筑大学	程昱浩	华中科技大学	邓禹彤	北京建筑大学
陈宇晴	重庆交通大学	迟冰钰	天津大学	张一	
李月莹		储立人	中国美术学院	邓泽旭	上海交通大学
陈昱陶	山东建筑大学	楚田竹	天津大学	邓智艺	天津大学
陈玥吟	云南大学	楚雪楠	天津大学	丁翀	浙江大学
陈再团	宁波大学	楚玉栋	河南大学	丁瀚林	西南交通大学
陈泽帅	西安建筑科技大学	褚睿	昆明理工大学	丁君	郑州大学
陈泽鑫	广东白云学院	褚子婧	昆明理工大学	丁千寻	华中科技大学
徐志德		从琳	北方工业大学	丁旭	安徽工业大学
陈炤捷	河北工业大学	李云龙		丁一凡	湖南大学
陈政升	广东工业大学	丛凯丽	西安建筑科技大学	丁怡如	东南大学
陈国良		崔杰	山东建筑大学	丁铁琨	合肥工业大学
陈之浩	安徽建筑大学	崔菁怡	西安建筑科技大学	丁由森	大连理工大学
汪永飞		崔文泰	东南大学	丁雨乐	南京工业大学

董皓月	天津大学	方欣然	合肥工业大学	G			
董灵双	清华大学	方栩彬	郑州大学	甘静雯	南京大学		
董千里	山东建筑大学	房媛	西北工业大学	甘宇	东南大学		
董蓉莲	西安建筑科技大学	封黎扬	浙江大学	高白雪	山东大学		
王嘉威		李宁远		姜寒			
董小凡	沈阳建筑大学	冯春	东南大学	高渤轩	南昌大学		
董炫旻	东南大学	冯冠力	重庆大学	万志勇			
董一帆	山东建筑大学	冯浩宇	黑龙江省三江美术职业学院	高楚晨	西安建筑科技大学		
董一凡	南京大学			高存希	浙江大学		
窦文杰	安徽建筑大学	冯嘉伦	大连理工大学	高飞腾	安徽工程大学		
窦闻	西安建筑科技大学	吕依涵		高昊文	北京交通大学		
窦雨薇	北京交通大学	冯建豪	台州学院	高佳乐	西安建筑科技大学		
杜慧洁	郑州大学	冯立	河北工业大学	高嘉婧	重庆大学		
杜舰	东南大学	冯敏	山东建筑大学	高健	安徽建筑大学		
杜晓	青岛理工大学	冯庭淏	西交利物浦大学	陈李			
杜运鹏	西安建筑科技大学	冯晓铭	中国矿业大学	高帅杰	中央美术学院		
段德生	烟台大学	冯以恒	东南大学	高文畅	武汉大学		
段皓文	沈阳工业大学	冯宇欢	南京工业大学	高肖帆	华南理工大学		
段夕瑶	昆明理工大学	杨秋缘		高小岚	重庆大学		
段雪瑶	云南大学	冯宇晴	西安建筑科技大学	高兴	南京工业大学		
李轶璇		冯雨昕	山东建筑大学	高亚男	重庆大学		
段昭丞	重庆大学	冯智	西安建筑科技大学	魏婧怡			
		冯子亭	同济大学	高艳	山东建筑大学		
		付超杰	湖北工业大学	高源	河北工业大学		
F		徐晓曦		戈旭东	合肥工业大学		
樊江瑶	郑州大学	付昊	哈尔滨工业大学	格根珠拉	山东建筑大学		
樊逸飞	金陵科技学院	郑宇翔		葛汭	天津大学仁爱学院		
范昊文	内蒙古科技大学	傅涵菲	华中科技大学	宫昕煜	山东建筑大学		
李锦凤		傅厚苇	西交利物浦大学	龚铃鑫	郑州大学		
范浩洋	河北工业大学	傅隽尧	哈尔滨工业大学	龚梦超	浙江大学		
范梦凡	厦门大学	黄亚男		龚清	厦门大学		
范首权	广西科技大学	傅铮	浙江工业大学	龚文晨	东南大学		
方丹辰	西安建筑科技大学			龚苑琪	厦门理工学院		
方仁伟	中央美术学院						

5 竞赛名录

贡天常	合肥工业大学	郭欣宇	中央美术学院	贺晨静	西安建筑科技大学
古雅竹	天津城建大学	郭星河	南京工业大学	贺川	南京工业大学
顾佳	东南大学	方佑诚		贺晶	郑州大学
顾家溪	天津大学	郭子威	东北大学	贺思勉	大连理工大学
顾思佳	浙江大学	国家璇	华北水利水电大学	贺松林	华东交通大学
顾祥姝	南京大学			贺天祺	内蒙古科技大学
孙穆群		H		贺英智	华中科技大学
关嘉钰	东南大学	韩巧爽	河南大学	黑萌萌	河南理工大学
管毓涵	山东建筑大学	韩岩枫	沈阳建筑大学	黑箫	昆明理工大学
郭碧雯	东南大学	韩玉	中国美术学院	洪森	西安建筑科技大学
郭布昕	天津大学	韩卓	扬州大学	洪文锦	山东大学
郭楚怡	东南大学	罗智勇		丁瑜	
邓一秀		韩子煜	山东建筑大学	洪越	华南理工大学
郭放	华中科技大学	郝洪庆	湖南大学	侯雅洁	大连理工大学
郭海亮	西安建筑科技大学	孙凡清		侯誉明	同济大学
郭昊龙	北京交通大学	郝佳玥	河北工程大学	呼文康	东南大学
郭辉	西安建筑科技大学	郝玉珍	郑州大学	胡彬彬	西北工业大学
郭佳	西安建筑科技大学	何慧	厦门理工学院	潘迪	
郭建民	河北工业大学	何家轶	西安建筑科技大学	胡浩南	西安建筑科技大学
郭健钰	大连理工大学	何俊毅	东北大学	胡慧娴	合肥工业大学
郭露露	河北工业大学	何铭逸	清华大学	胡家浩	山东建筑大学
陈玥瑶		何西子	青岛理工大学	胡嘉雯	武汉大学
郭铭杰	西安建筑科技大学	何纤逸	中国美术学院	胡凯	西安建筑科技大学
郭念飏	南京林业大学	季晟凯		胡潜	武汉大学
郭若涵	河北工业大学	王艺琪		何爽志	
郭士凡	河北工业大学	何翔	厦门理工学院	胡晟国	武汉大学
周雨彤		何欣南	天津大学	胡小迈	华中科技大学
郭舒涵	华侨大学（厦门校区）	何衍	贵州大学	胡欣艳	郑州大学
郭思辰	武汉大学	何莹雅	安徽工程大学	胡雪晴	华南理工大学
郭童	华南理工大学	高飞腾		黄晨	
郭昕晨	北京交通大学	何雨昕	武汉大学	胡燕	内蒙古科技大学
郭欣程	武汉大学	和译	湖南大学	胡烨涵	武汉大学
郭欣玮	武汉大学	申静茹		胡祎睿	华中科技大学

177

胡云海	山东大学	黄悠	郑州大学	姜寒	山东大学
李营利		黄宇婷	厦门理工学院	高白雪	
胡展翅	河北工业大学	黄昀舒	湖南大学	姜君琳	北京建筑大学
胡祯祯	河北工业大学	刘昕明		姜恬恬	山东建筑大学
华颖	浙江大学	黄正元	天津大学	姜文珏	山东建筑大学
华宇声	河北工业大学	黄卓	西安建筑科技大学	蒋佳琦	郑州大学
杨啸林		黄子珊	中南大学	蒋舒月	石河子大学
黄炽浩	华侨大学	霍明昆	郑州大学	蒋欣航	东南大学
黄端端	华侨大学	霍妍	西南交通大学	蒋宜芳	哈尔滨工业大学
黄方百	华北理工大学	霍一然	天津城建大学	邱筱月	
黄和谷	南京工业大学	杨晓威		蒋宇萱	西安建筑科技大学
李崇玮				焦美宁	东南大学
黄柯	河南理工大学	J		焦天	北京建筑大学
黄可谊	东莞理工学院	姬瑜凡	西安建筑科技大学	金晨晰	浙江大学
卢昭		嵇晨阳	南京工业大学	金润宇	东南大学
黄祺越	安徽建筑大学	常逸凡		金天济	华南理工大学
黄绮甜	天津大学	吉哲	西安交通大学	金小乐	河北工业大学
黄容靖	重庆大学	纪雨辰	河北工业大学	金艺丹	东南大学
黄思婕	武汉大学	贾江伟	河南理工大学	金雨晨	南京工业大学
黄文程	东莞理工学院	贾凌志	河北工业大学	金钰阳	同济大学
黄夏琳	西安建筑科技大学	贾雨琪	郑州大学	景怡雯	西安建筑科技大学
黄潇娴	苏州大学	简一心	西安建筑科技大学	景媛	郑州大学
黄旭鹏	华侨大学	简毓呈	山东大学	鞠岱岳	烟台大学
黄雪	湖北工业大学	李营利		鞠佳芮	山东建筑大学
黄艳	华侨大学	塞丹	武汉大学		
黄一雄	山东大学	见金蓉	山东建筑大学	K	
张明玥		江家扬	哈尔滨工业大学	康惊智	郑州大学
黄奕萌	北京建筑大学	安比牙·玉苏甫		康善之	重庆大学
张雅薇		江钧	浙江大学	张涵琪	
黄益锋	华南理工大学	江欣城	湖南大学	康宇新	郑州大学
邓能涛		冼良启		康源	西安建筑科技大学
黄逸凡	华东交通大学	姜发钟	郑州大学	柯申超	大连理工大学
黄映棋	武汉大学	姜峰	西安建筑科技大学	柯钰琳	郑州大学

5 竞赛名录

孔菲	山东建筑大学	李樊一	东南大学	李俊	中国矿业大学
孔庆秋	山东建筑大学	李飞扬	重庆大学	李俊毅	华南理工大学
曹博远		王妍蒙		明健	
孔妤文	西安建筑科技大学	李凤铭	北京交通大学	李可欣	北京建筑大学
邝昭燃	同济大学	李富瑶	西安建筑科技大学	史珊珊	
		李馥含	天津大学	李丽红	西安建筑科技大学
L		李阳雨		李笠	华中科技大学
赖宏睿	天津大学	李国利	中国矿业大学	李灵芝	西安建筑科技大学
赖开锟	重庆大学	赵呈煌		李凌锋	武汉理工大学
赖坤锐	华南理工大学	李晗	湖南大学	李鹿	合肥工业大学
赖珑	天津大学	李旱雨	昆明理工大学	李淼	安徽建筑大学
赖镘可	中南大学	李航帆	东北大学	李敏	西安建筑科技大学
赖兴澜	东南大学	李昊宣	河北工业大学	李明煦	天津大学
兰雪	华侨大学	李皓妍	北京交通大学	李沐晗	清华大学
兰悦	哈尔滨工业大学	李灏雯	西交利物浦大学	李沐蓉	沈阳建筑大学
郎蕾洁	东南大学	李恒宇	天津大学	杨静轩	
徐垚汉		李环宇	中南林业科技大学	李牧纯	西安建筑科技大学
郎颖晨	北京建筑大学	李佳君	华中科技大学	李娜	重庆大学
雷博云	西安建筑科技大学	李佳骏	重庆大学	施涛	
雷浩乐	吉林建筑大学	李帅		李念	西安建筑科技大学
雷贺玉	南昌大学	李佳祺	北京建筑大学	李念依	山东建筑大学
李悦彤		李家傲	南昌大学	李妞	武汉理工大学
雷占元	清华大学	吴颖滢		李沛隆	沈阳建筑大学
冷延鹏	清华大学	李嘉俊	华南理工大学	李沛宣	中央美术学院
李贝贝	西安建筑科技大学	李建	黑龙江省三江美术职业学院	李琪淳	华东交通大学
李贝宁	西安建筑科技大学			李起航	宁波工程学院
李炳华	北京建筑大学	李健	北京建筑大学	冯琳之	
梁葳		李金科	苏州科技大学 尹添熠	李倩	西安建筑科技大学
李博	华东交通大学	李瑾	石河子大学	李情族	西安建筑科技大学
李博宇	河北工业大学	李可		李庆	深圳大学
李代剑	山东建筑大学	李瑾雯	西安建筑科技大学	李秋雁	云南大学
李德涵	同济大学	李晶	西安建筑科技大学	自丽媚	
李迪	昆明理工大学	李镜如	郑州大学	李蓉庭	昆明理工大学

■ 1 写在前面　　　　■ 2 评委寄语　　　　■ 3 优秀作品　　　　■ 4 竞赛花絮

李若成	同济大学	李阳	北京工业大学	付韬	
李若帆	同济大学	李洋	天津大学	梁婧	深圳大学
李森	山东建筑大学	李一然	安徽建筑大学	梁淑君	东莞理工学院
李陕	内蒙古科技大学	李一童	山东建筑大学	梁雅雯	东南大学
倪硕楠		李宜燔	东南大学	廖泽辉	华东交通大学
李诗沁	郑州大学	李义姝	南京工业大学	林炳钰	华侨大学
李世珑	重庆大学	李逸顗	东南大学	林凡	华南理工大学
李世文	福建工程学院	李印	中央美术学院	林昊	东南大学
翟洋		李英杰	西安建筑科技大学	林钧敏	厦门理工学院
李姝诺	苏州大学	李莹颖	北京交通大学	林凯逸	东南大学
李舒芮	北京交通大学	李营利	山东大学	林诗意	华侨大学
李双材	重庆大学	胡云海		林文倬	安徽建筑大学
王世达		李滢君	东南大学	罗晨晨	
李硕	北京工业大学	李雨濛	中央美术学院	林奕薇	西安建筑科技大学
李思颖	同济大学	李雨桐	郑州大学	林莹	厦门大学
李思远	天津城建大学	李语桐	西安建筑科技大学	孙百合	
石卉		李郁东	西安建筑科技大学	林雨辰	天津大学
李思远	河北工业大学	罗伍春紫		林雨菲	山东建筑大学
李唐静	山东建筑大学	李媛	合肥工业大学	林峪婕	厦门理工学院
李潍宇	东南大学	李月莹	重庆交通大学	林昀儒	东南大学
李相灵	华南理工大学	李云鹏	合肥工业大学	林蕴沅	厦门理工学院
李翔	郑州大学	李芸婷	河北工业大学	林芷伊	济南大学
李响	中央美术学院	李泽昊	大连理工大学	刘可心	
李想	东南大学	李正刚	湖南大学	林志海	福建工程学院
李小旋	西安建筑科技大学	李志杰	天津城建大学	邱润	
李晓峰	河北工业大学	李志伟	浙江大学	林舟挺	天津城建大学
李晓璐	西安建筑科技大学	李志远	河北工业大学	黄东朔	
李晓然	内蒙古科技大学	李子晗	东南大学	林周睿	厦门理工学院
李心韵	深圳大学	李子涵	郑州大学	林子苏	中央美术学院
李昕悦	湖南大学	李紫熙	北京工业大学	林子羿	北京工业大学
李欣谙	西安建筑科技大学	梁安欣	东南大学	凌二鸣	桂林理工大学
李新华	东南大学	梁佳乐	东南大学	杨明林	
李煊	中央美术学院	梁佳琪	南昌大学	刘柏彤	哈尔滨工业大学

5 竞赛名录

张渃亚		刘翘楚	湖南大学	刘宇飞	东南大学
刘柏宇	中央美术学院	刘青寅	大连理工大学	刘宇坤	南昌大学
刘博川	天津大学	车珂鑫		刘宇鑫	河北工业大学
刘昌瑞	河南理工大学	刘晴	中央美术学院	刘雨松	天津大学
刘琛	华中科技大学	刘瑞灵	哈尔滨工业大学（深圳）	刘禹作	长安大学
曹楠		刘若曦	东南大学	闫国龙	
刘辰	同济大学	刘圣品	山东建筑大学	刘钰芃	西安建筑科技大学
刘程云	西安建筑科技大学	刘诗楠	同济大学	刘玥蓉	武汉大学
刘丛	西安建筑科技大学	刘时羽	北京交通大学	肖奕均	
刘冬	西安建筑科技大学	刘仕宸	山东建筑大学	刘芸睿	西华大学
刘浩然	东南大学	刘守斌	天津城建大学	刘泽宪	西安建筑科技大学
刘皓颖	西安建筑科技大学	吴雨倬		刘张旭	东南大学
刘加琛	合肥工业大学	刘舒展	郑州大学	刘正阳	郑州大学
刘佳浚	东南大学	刘思怡	重庆大学	刘政	同济大学
刘嘉宾	山东建筑大学	幸周澜屹		刘芝伶	西安建筑科技大学
刘杰	山东建筑大学	刘腾宇	天津大学	刘智豪	中国石油大学
刘津睿	西安建筑科技大学	刘恬莹	西北工业大学	刘智娟	天津大学
刘钧广	大连理工大学	刘文斌	天津大学	刘子璇	内蒙古工业大学
张程越		刘相宇	山东建筑大学	刘子煜	西安建筑科技大学
刘乐欣	东南大学	刘昕宇	湖南大学	柳存锡	云南大学
郝思远		刘欣蕊	天津城建大学	柳代朋	重庆大学
刘砺璇	三江学院	舒俊		柳灵丽	西安建筑科技大学
刘伦海	东南大学	刘修岩	天津大学	柳逸轩	中央美术学院
刘明昊	山东建筑大学	刘轩轩	东南大学	龙柯秀	中央美术学院
刘明杰	湖北工业大学	刘轩宇	山东建筑大学	娄晶晶	中国矿业大学
张永涛		刘璇	大连理工大学	何真真	
刘铭熙	惠州学院	刘学奎	青岛理工大学	卢见光	天津大学
刘佩琪	湖北工业大学	刘雪婷	华中科技大学	卢鹏宇	山东建筑大学
李珑玲		刘怡嘉	西安建筑科技大学	卢若辰	西交利物浦大学
刘鹏飞	南京工业大学	刘怡萱	天津大学	卢小兰	长安大学
李一波		孙舒怡		卢烨鑫	武汉大学
刘琪欣	昆明理工大学	刘羿霄	沈阳建筑大学	卢玉	西安建筑科技大学
刘琦琳	东南大学	刘印礼	北京建筑大学	芦凯婷	浙江大学

鲁划	天津城建大学	马晨钟	重庆大学	苗彧萌	河北工业大学
王秉仁		傅麟		闵若遥	武汉大学
鲁雪茗	华中科技大学	马行之	东南大学	明健	华南理工大学
陆浩洋	青岛理工大学	马昊一	同济大学	缪艾伦	昆明理工大学
陆禾	天津大学	马婕	重庆大学	莫雨虹	湖南大学
陆柚余	南京大学	马梦艳	武汉大学	牟子雍	西安建筑科技大学
陆周楠	东南大学成贤学院	李希冉		慕璟云	青岛理工大学
鹿成龙	烟台大学	马司琪	山东建筑大学	穆荣轩	天津大学
鹿子琪	山东建筑大学	马思婷	中南大学		
路冬妮	中央美术学院	马文超	天津大学	**N**	
罗方烨	大连理工大学	马枭	中国矿业大学	娜日苏	中央美术学院
罗昊然	天津大学	马晓文	清华大学	倪特	重庆大学
罗俊明	西安建筑科技大学	马幸	烟台大学	王梦婕	
罗康丽	合肥工业大学	马一丁	北京建筑大学	聂畅	华南理工大学
罗懿鹭	北京交通大学	马伊琳	昆明理工大学	宁芃暄	东南大学
罗颖	昆明理工大学	马雨琪	东南大学	钮靖涵	西安建筑科技大学
罗宇涵	天津大学	马悦	郑州大学		
罗元佳	北京交通大学	麦思琪	北京交通大学	**O**	
罗玥琪	华北理工大学	毛敬言	东南大学	欧阳菲菲	北京交通大学
罗政	西安建筑科技大学	茅子仪	东南大学	欧阳咏欣	广东工业大学
骆玉婷	厦门理工学院	梅凌云	金陵科技学院	黄芷敏	
吕晨	西安建筑科技大学	梅逸	东南大学		
吕乐	黑龙江省三江美术职业学院	孟轲	安徽建筑大学	**P**	
		孟令康	青岛理工大学	潘迪	西北工业大学
吕奇	天津大学	孟令昭	西安建筑科技大学华清学院	潘岭露	烟台大学
吕如清	西交利物浦大学			刘鹏程	
吕世泽	河北工业大学	孟清琳	华中科技大学	潘少成	长沙理工大学
吕甜甜	郑州大学	孟庆义	沈阳建筑大学	潘胜璋	浙江大学
吕潇洋	湖南大学	刘畅		潘天睿	东南大学
吕雪豪	中国美术学院	孟吴岳	中央美术学院	潘禹皓	青岛理工大学
吕镳远	浙江大学	孟泽	山东建筑大学	潘哲	浙江大学
		孟喆	湖南大学	庞博	山东建筑大学
M		李璐宇		庞博宇	合肥工业大学

5 竞赛名录

裴舜哲	武汉理工大学	屈永博	昆明理工大学	程丰睿	
彭瀚墨	天津大学	曲梦晨	河北工业大学	沈一飞	重庆大学
彭文豪	西安建筑科技大学	曲彦成	北京交通大学	王笑涵	
彭妍	重庆大学	李时雨		沈艺芃	清华大学
彭易圣	东南大学	曲一桐	武汉大学	沈奕辰	浙江大学
彭玉姣	沈阳建筑大学			师新川	西安建筑科技大学
皮玲玲	郑州大学	R		施佳蕙	苏州大学
蒲怡帆	西安建筑科技大学	饶绮斐	东莞理工学院（松山湖校区）	施青峰	华东交通大学
				施一豪	浙江大学
Q		任晨嘉	西交利物浦大学	施懿婧	天津大学
齐超杰	北京建筑大学	任广宁	河南大学	石文杰	东南大学
冯昊		任若珺	厦门大学	时甲豪	郑州大学
齐国伟	山东建筑大学	任叔龙	天津大学	史翠雅	哈尔滨工业大学
齐磊	东南大学	任旭晨	苏州大学	张炜晨	
齐雨萌	西安建筑科技大学	任哲辰	西安建筑科技大学	史静雯	中央美术学院
齐越	天津大学	荣红	天津城建大学	史哲昕	郑州大学
祁婧昕	东北林业大学	张珂宇		史子涵	合肥工业大学
钱程	西安建筑科技大学			席润泉	
钱慧彬	中央美术学院	S		帅直	武汉大学
钱雨萱	南通大学	尚春雨	西安建筑科技大学	水浩东	重庆大学
乔大漠	北京建筑大学	邵玲芳	东北大学	思黛博	西安建筑科技大学
乔能欢	南京工业大学	邵闻嘉	天津大学	宋瑾	中央美术学院
秦洁	重庆交通大学	邵小满	哈尔滨工业大学	宋明杰	中国矿业大学
秦帅	新疆大学	张泽慧		黄骏	
秦梧淇	哈尔滨工业大学	沈伶秋	沈阳建筑大学	宋琦	西安理工大学
王戬		沈梦帆	苏州大学	邓婧姝	
秦智琪	山东建筑大学	沈明宇	东南大学	宋忻桐	河北工业大学
丘容千	北京交通大学	沈晴	云南大学	宋杨	青岛理工大学
丘子宁	南昌大学	沈天昊	大连理工大学	宋雨林	中央美术学院
邱靖涵	吉林建筑大学	沈小艺	山东建筑大学	宋雨蒙	沈阳建筑大学
邱子辰	东南大学	沈晓寒	大连理工大学	古悦雯	
仇佳琪	河北工业大学	万书琪		宋真真	河北工业大学
屈梦媛	郑州大学	沈晓莹	湖北工业大学	苏畅	天津大学

■ 1 写在前面　　■ 2 评委寄语　　■ 3 优秀作品　　■ 4 竞赛花絮

苏聪	厦门理工学院	孙智霖	湖南大学	唐宇轩	东南大学
苏琮琳	合肥工业大学	刘深圳		唐瑀	厦门大学嘉庚学院
苏珊	西北工业大学	孙子琳	天津城建大学	唐泽羚	天津大学
苏爽	北京建筑大学	胡冬俐		陶川岚	苏州大学
苏孙豪	大连理工大学	索蔓	天津大学	陶嘉欣	湖北工业大学
苏小岚	广东工业大学	索日	山东建筑大学	李芸欣	
苏月蓉	昆明理工大学			陶思序	中国美术学院
隋蕴仪	重庆交通大学	T		陶阳	华南理工大学
叶泽华		谈沁云	烟台大学	郭璞若	
孙布尔	天津大学	吴雪婷		田馥源	天津城建大学
孙锋	南通大学	覃浩津	西北工业大学	田敏	烟台大学
孙焕瑛	清华大学	覃诗嫣	合肥工业大学	田野	青岛理工大学
孙婧婧	南京工业大学	覃艺	湖南大学	田昱菲	西安建筑科技大学
陈琳		谭楚珩	长安大学	田子一	北京建筑大学
孙康	西安建筑科技大学	谭盾	武汉大学	杜慕寒	
孙克难	郑州大学	陈睿洁		佟肖萌	山东大学
孙萌	云南大学	谭金樱	重庆大学	黄一璇	
王恺萌		谭润权	南昌大学	涂传坤	南昌大学
孙沐科	西安建筑科技大学	谭伟南	三江学院	涂奕	西安建筑科技大学
孙琪	合肥工业大学	谭悦艺	重庆大学		
孙琦	天津大学	杨涵		W	
孙琦森	沈阳建筑大学	汤品娴	东南大学	万杰	山东大学
孙锐	哈尔滨工业大学	汤晟晖	湖南大学	陈欣然	
孙帅	沈阳建筑大学	陈大鹏		万硕	河北工业大学
孙雯瑄	重庆大学	汤欣然	北京建筑大学	万梓俊	同济大学
孙潇	东南大学	汤雪儿	华南理工大学	汪川淇	浙江大学
孙欣阳	青岛理工大学	汤漾	天津城建大学	汪瑞洁	西安建筑科技大学
孙宇彤	沈阳建筑大学	汤振	河北工程大学	汪奕瑜	内蒙古科技大学
孙宇馨	天津大学	唐栋璇	西安建筑科技大学	汪益扬	西安建筑科技大学
孙玥	西安建筑科技大学	唐昊	沈阳建筑大学	汪瑜娇	厦门大学
孙泽熹	河北工业大学	唐铭霞	合肥工业大学	汪子	安徽建筑大学
孙泽仪	东南大学	唐诗	长江大学	王安	南京工业大学
孙之桐	南京工业大学	周洲		蒋浩	

5 竞赛名录

王彬瑶	南昌大学	王金重	青岛理工大学	王世达	重庆大学
王炳琪	河北工业大学	王开珍	云南大学	戴玮昆	
王曾	河北工业大学	李秋言		王淑敏	华侨大学
王畅	天津大学	王琳	中南大学	王帅	西安理工大学
王润朗		王琳佚	沈阳建筑大学	王思琦	中央美术学院
王潮	扬州大学	胡妍		王苏威	天津大学
滕松		王玲玲	西安建筑科技大学	王肃	哈尔滨工业大学
王程栋	西安建筑科技大学	王璐瑶	合肥工业大学	陈彦合	
王春磊	山东建筑大学	王梦城	华中科技大学	王素	东北大学
王纯	天津大学	王梦佳	河北工业大学	王忞川	华侨大学
王聪惠	河南科技大学	王梦婕	重庆大学	王天爱	青岛理工大学
王琮琪	长安大学	倪特		王童渝	广东工业大学
王丹阳	郑州大学	王梦凯	西安建筑科技大学	王琬莹	东南大学
王恩铸	昆明理工大学	王敏	湖南大学	王威达	中国石油大学（华东）
王帆	武汉大学	方源		董小涵	
陈昶宇		王铭言	中央美术学院	王玮玮	湖南大学
王璠	长安大学	王木樨	华南理工大学	张越淇	
王凤引	广东工业大学	王沛萌	郑州大学	王逍潼	郑州大学
王国政	天津大学	王鹏辉	西安建筑科技大学	王潇	合肥工业大学
王海同	东南大学	王鹏源	河北工业大学	王笑薇	北京工业大学
王昊哲	西安建筑科技大学	王政勋		王新杰	郑州大学
王浩铭	山东大学	王琪瑶	南京工业大学	王旭焱	武汉理工大学
王皓	内蒙古科技大学	王庆峰	山东建筑大学	杨宗	
王宏室	济南大学	王琼	华南理工大学	熹王璇	西安建筑科技大学
刘思佳 王继先	哈尔滨工业大学	方文靖		王严毅	中南大学
周宇恒		王荣月	东南大学	王雁飞	西交利物浦大学
王佳	天津大学	王瑞	西安建筑科技大学	王瑶	武汉大学
王家伟	河北工业大学	张文轩		王烨	安徽建筑大学
王嘉威	西安建筑科技大学	王若茵	合肥工业大学	李王博	
王镓德	河北工业大学	牛青鑫		王艺洋	西北工业大学
王健弛	青岛理工大学	王箬雨	东南大学	王奕祺	厦门大学
王杰	河南理工大学	王邵宇	东南大学	王逸品	北京建筑大学
陈凯文		王诗瑾	重庆大学	蔡斯巍	

王逸茹	中央美术学院	王智超	山东建筑大学	吴迪	华中科技大学
董微		王洲	浙江工业大学	吴昉音	中国美术学院
王逸玮	东南大学	王卓	河北工业大学	吴冠啸	西安建筑科技大学
王瑜婷	山东建筑大学	王子晗	山东建筑大学	吴佳佑	郑州大学
王宇博	大连理工大学	王子荆	河北工业大学	吴家锐	华东交通大学
王宇琛	哈尔滨工业大学	王子璇	河北工业大学	吴建楠	天津大学
冯鸿儒		王子玥	西安建筑科技大学	吴颉	华南理工大学
王宇清	金陵科技学院	韦建艳	东北大学	吴婧怡	合肥工业大学
王宇童	苏州大学	韦一珉	西安建筑科技大学	吴梅蕊	重庆大学
王宇欣	华南理工大学	位俊明	郑州大学	崔潇方	
王雨涵	郑州大学	蔚岱蓉	浙江大学	吴明萱	南昌大学
王雨沫	西安建筑科技大学	魏宝华	郑州大学	吴佩文	西北工业大学
王雨晴	厦门大学	魏传帅	西安建筑科技大学	吴祺琳	同济大学
王雨潇	东南大学	魏玲	东北大学	吴倩颖	西安建筑科技大学
王钰博	郑州大学	魏明阳	郑州大学	吴姗姗	合肥工业大学
王钰涵	武汉大学	魏天崎	深圳大学	吴珊珊	华北水利水电大学
徐灿		魏欣华	天津大学	李丽	
王钰林	山东大学	魏雨娇	湖南大学	吴闪	安徽建筑大学
林灵		魏煜鹏	西安交通大学	吴思熠	郑州大学
王毓乾	北京交通大学	魏正旸	中南大学	吴彤	华侨大学
王悦然	哈尔滨工业大学	魏子钧	东南大学	吴婉琳	天津大学
祝泽茜		魏子岚	武汉大学	吴薇	东南大学
王蕴伟	昆明理工大学	文楚童	合肥工业大学	吴曦	北京建筑大学
王展	西安建筑科技大学	文艺	武汉大学	胡蓝	
王昭焱	山东建筑大学	翁婧玥	山东大学	吴限	天津大学
王浙宇	沈阳建筑大学	王紫晗		吴相怡	合肥工业大学
王振宇	北京工业大学	吴宝雪	武汉大学	吴心然	同济大学
王政彬	郑州大学	吴冰	河北工业大学	吴一舟	南京工业大学
王之湄	安徽农业大学	吴彩娟	华东交通大学	吴乙	南昌大学
王志孟	厦门理工学院	吴畅	湖北工业大学	吴茵睿	中央美术学院
王志宇	湖南大学	杨沁晰		吴悦	郑州大学
王智超	山东理工大学	吴楚槟	广东工业大学	吴越悦	合肥工业大学
王智超	山东城建大学	吴达逊	广州大学	吴长荣	南京工业大学

5 竞赛名录

建筑新人赛 2019 CHINA 东南·中国

沙莎		谢晗	东南大学	徐千寒	昆明理工大学
伍导	武汉理工大学	谢金发	昆明理工大学	徐芊卉	三江学院
伍兆琳	华南理工大学	谢林静	西安建筑科技大学	徐沁馨	湖南大学
武淳雅	东南大学	谢宇航	昆明理工大学	徐晴	山东大学
武河言	山东大学	谢韫灵	中国美术学院	徐文炀	东南大学
李雪		解季楠	东南大学	徐霄	河北工业大学
武若男	西安建筑科技大学	解湘宁	南京林业大学	徐啸晨	同济大学
		辛萌萌	重庆大学	徐鑫泽	哈尔滨工业大学
X		韩奕晨		徐亚南	安徽建筑大学
奚钰竹	合肥工业大学	欣奇拉	东南大学	徐尧天	长安大学
夏近思	北京交通大学	邢璐	北京建筑大学	徐易安	东南大学
夏湘宜	华南理工大学	邢晓珊	北京建筑大学	徐友璐	东南大学
夏杨	东南大学	熊泓熠	沈阳建筑大学	徐友骁	西安建筑科技大学
先洲辕	中南大学	宋颖		徐宇超	浙江大学
咸政序	大连理工大学	熊健钧	中国矿业大学	徐雨涵	东南大学
向伟静	武汉大学	熊天添	西安建筑科技大学	徐媛	内蒙古工业大学
向兴	东南大学	熊菀婷	中央美术学院	徐志维	深圳大学
项林康	东南大学	熊紫焰	中央美术学院	许傲	吉林建筑大学
薛琰文		徐安然	天津大学	许嘉艺	北京交通大学
项彦凯	福建工程学院	庞任飞		许金牛	中央美术学院
肖艾朵	中央美术学院	徐博	东北大学	许靖滢	同济大学
肖洁	北京建筑大学	徐楚涵	华侨大学	许可	上海交通大学
肖佩敏	昆明理工大学	徐国臻	哈尔滨工业大学	许明亮	安徽建筑大学
肖思宇	哈尔滨工业大学	徐洁颖	武汉大学	许依琳	华南理工大学
谭希南		徐菁孺	西安建筑科技大学	许依依	华南理工大学
肖偲	西交利物浦大学	徐婧婕	西安建筑科技大学	许逸伦	湖南大学
肖怡潼	西安理工大学	徐凯跃	山东建筑大学	许云鹏	南京工业大学
康瑾		徐珂晨	浙江大学	许智雷	天津大学
肖艺甜	郑州大学	徐凌芷	华南理工大学	薛敏然	东南大学
肖语吟	西交利物浦大学	徐璐	烟台大学	薛苏洪	北京建筑大学
肖昱荷	郑州大学	徐露	安徽建筑大学	薛瑶瑶	郑州大学
肖云鸿	东南大学	徐旻赐	河北工业大学		
谢斐然	东南大学	徐沐阳	西北工业大学	Y	

闫辰霄	华中科技大学	杨斯捷	重庆大学	叶葳	武汉大学
闫富晨	天津大学	杨松	天津城建大学	叶伟强	华侨大学
闫建	青岛理工大学	杨雯玉	武汉大学	叶文慧	南京工业大学
闫瑾	华南理工大学	杨晓涵	西安建筑科技大学	叶鑫	天津城建大学
闫露嘉	河北工业大学	杨晓文	华侨大学	叶怡然	西交利物浦大学
闫文豪	山东建筑大学	杨啸林	河北工业大学	叶泽华	建筑与城市规划学院
严佳容	北京建筑大学	杨馨瑶	华南理工大学	伊鸣	郑州大学
严澜	清华大学	杨一钒	清华大学	易彦淇	北京交通大学
严朗	湖北工业大学	杨译凯	西北工业大学	羿王力	东南大学
严懿颖	西安建筑科技大学	杨逸宸	华侨大学	殷嘉宁	清华大学
颜妮	郑州大学	杨逸飞	西安建筑科技大学	殷爽	安徽建筑大学
颜如冰	天津大学	杨玉涵	哈尔滨工业大学	殷朔	烟台大学
颜愉晴	东莞理工学院	杨玉利	西南民族大学	殷烨	东南大学
晏攀	西安建筑科技大学	杨赟	郑州大学	殷悦	东南大学
羊禄位	河南理工大学	杨知诚	北京建筑大学	殷悦	南京工业大学
杨波	合肥工业大学	杨芷晏	南京工业大学	银晨晓	太原理工大学
杨晨艺	山东建筑大学	杨智乔	西安建筑科技大学	尹从鉴	清华大学
杨丹丹	山东建筑大学	杨卓君	西安建筑科技大学	尹舒	东南大学
杨浩	华南理工大学	杨子泓	内蒙古工业大学	印象	中国矿业大学
杨迦滋	郑州大学	杨紫依	华南理工大学	应润东	西交利物浦大学
杨捷	西安建筑科技大学	尧崇华	华东交通大学	应啸远	宁波大学
杨凯帆	天津大学	姚秉昊	苏州大学	雍楚晗	西安建筑科技大学
杨楷文	天津大学	姚冠琪	北京交通大学	游川雄	东南大学
杨珂	安徽建筑大学	姚孟君	山东建筑大学	游展城	惠州学院
杨莉	重庆交通大学	姚乃鼎	长安大学	于宝良	东南大学
杨敏	郑州大学	姚佩凡	北京交通大学	于涵	东南大学
杨清枫	上海交通大学	姚新楠	浙江大学	于珈庆	天津城建大学
杨权铧	郑州大学	叶骢	北京工业大学	于淼	重庆大学
杨睿涵	中央美术学院	叶江旺	华东交通大学	于乃锵	青岛理工大学
杨尚奇	东北大学	叶锦超	长安大学	于文爽	南京大学
杨绍罡	重庆大学	叶苗扬	华南理工大学	于洋	南京工业大学
杨书涵	重庆大学	叶世续	中央美术学院	余可颖	华东交通大学
杨硕	河北工业大学	叶书涵	东南大学	余梦瑶	东南大学

5 竞赛名录

余沁蔓	南京大学	张凡	金陵科技学院	张澍成	武汉大学		
余清扬	浙江大学	张凤娇	哈尔滨工业大学	张帅	西安建筑科技大学		
余文渊	中南大学	张福超	兰州理工大学	张思源	华中科技大学		
余亿	华侨大学	张国荣	青岛理工大学	张思远	天津大学		
余奕影	中国美术学院	张汉枫	浙江工业大学	张松	山东建筑大学		
余泽明	重庆大学	张浩天	东南大学	张嵩睿	天津大学		
袁犇	湖北工业大学	张鹤鸣	内蒙古工业大学	张天爱	北京建筑大学		
袁珺暐	湖北工业大学	张佳晖	西交利物浦大学	张童歆	西安建筑科技大学		
袁梅	西安建筑科技大学	张佳昕	厦门大学	张伟聪	惠州学院		
袁崧浩	同济大学	张嘉斐	西安建筑科技大学	张玮仪	大连理工大学		
袁薇	河北工业大学	张嘉琪	中央美术学院	张蔚杰	华南理工大学		
袁小悦	东莞理工学院	张嘉文	吉林建筑大学	张文豪	青岛理工大学		
袁晓凤	昆明理工大学	张荐文	天津城建大学	张文琦	西安建筑科技大学		
袁心昊	东南大学	张津瑞	西安建筑科技大学	张文轩	西安建筑科技大学		
岳然	哈尔滨工业大学	张菁	重庆大学	张问楚	华南理工大学		
岳昭阳	山东建筑大学	张靖彪	东北大学	张曦元	西安建筑科技大学		
		张君诺	东南大学	张曦元	中国矿业大学		
Z		张克元	西安建筑科技大学	张先嘉	昆明理工大学		
查俊	河北工业大学	张丽婷	南京工业大学	张湘苹	重庆大学		
翟鹏涛	河南科技大学	张丽媛	河南理工大学	张潇予	东南大学		
翟文凯	山东建筑大学	张梦特	济南大学	张小涵	山东建筑大学		
翟月阳	天津大学	张明博	河南理工大学	张小林	厦门大学		
张碧荷	西安建筑科技大学	张鹏跃	昆明理工大学	张晓	西安建筑科技大学		
张超	华中科技大学	张茜	天津大学	张笑凡	东南大学		
张辰晨	山东建筑大学	张茜如	青岛理工大学	张笑悦	西安建筑科技大学		
张弛	郑州大学	张茜越	北京建筑大学	张啸寅	西南交通大学		
张椿笛	中央美术学院	张钦泉	中央美术学院	张心怡	山东建筑大学		
张淳铖	东南大学	张清琳	东南大学	张心越	华侨大学		
张岱	西安建筑科技大学	张任驰	广东工业大学	张馨仪	西安建筑科技大学		
张冬漪	郑州大学	张容畅	河北工业大学	张鑫烨	西安建筑科技大学		
张帆	青岛理工大学	张如嫣	东南大学	张轩慈	北京建筑大学		
张帆	华中科技大学	张姗姗	昆明理工大学	张迅	山东农业大学		
张帆	武汉大学	张师师	天津大学	张亚楠	郑州大学		

| 1 写在前面 | 2 评委寄语 | 3 优秀作品 | 4 竞赛花絮 |

张砚雯	山东建筑大学	赵碧霄	中央美术学院	赵雨萌	西安建筑科技大学
张一	安徽建筑大学	赵博韬	东南大学	赵元馨	山东建筑大学
张一嵩	北京建筑大学	赵晨晖	哈尔滨工业大学	赵媛媛	重庆大学
张怡翔	郑州大学	赵呈煌	中国矿业大学	赵泽川	西交利物浦大学
张艺超	武汉大学	赵霏雨	山东建筑大学	赵哲源	大连理工大学
张艺伟	西安建筑科技大学	赵凤翥	天津城建大学	赵志成	天津大学
张羿晨	山东建筑大学	赵釜剑	华中科技大学	赵洲晔	东南大学
张銮	厦门大学	赵宏逸	浙江大学	赵子琪	南京工业大学
张予晗	西安建筑科技大学	赵佳瑜	华侨大学	赵紫旭	湖北工业大学
张宇超	东南大学	赵珺然	重庆大学	甄子霈	华南理工大学
张宇彤	西安建筑科技大学	赵离凡	北京建筑大学	郑成禹	天津大学
张宇童	北京交通大学	赵丽媛	东南大学	郑春燕	山东建筑大学
张雨鑫	西安建筑科技大学	赵良	西安建筑科技大学	郑浩天	东南大学
张聿柠	山东建筑大学	赵梦静	武汉大学	郑佳慧	沈阳建筑大学
张钰淳	清华大学	赵明嫣	华南理工大学	郑铭铭	大连理工大学
张煜童	东南大学	赵倩	郑州大学	郑清尹	大连理工大学
张媛媛	山东建筑大学	赵士德	西安建筑科技大学	郑赛博	合肥工业大学
张源	河北工业大学	赵帅	华南理工大学	郑婷	西安建筑科技大学
张远	东南大学	赵天意	西安建筑科技大学	郑文郁	中国矿业大学
张悦晨	同济大学	赵彤山	西安建筑科技大学	郑翔中	山东建筑大学
张云天	武汉大学	赵维珩	北京建筑大学	郑鑫嚚	天津大学
张振	烟台大学	赵文彬	西安建筑科技大学	郑旭洋	武汉大学
张震	合肥工业大学	赵文璇	西安建筑科技大学	郑雅静	河南理工大学
张镇东	天津大学	赵相如	北京建筑大学	郑言	东南大学
张智林	大连理工大学	赵晓雪	南京工业大学	郑玙璠	武汉大学
张钟霖	西安建筑科技大学	赵心玮	合肥工业大学	钟言	南昌大学
张卓	武汉大学	赵雪婷	中国矿业大学	钟毅	河北工业大学
张卓然	东南大学	赵业珺	西安建筑科技大学	钟正楠	惠州学院
张卓艺	郑州大学	赵晔	中南林业科技大学	种天琪	烟台大学
张子博	合肥工业大学	赵一帆	东南大学	周兵哲	河北工业大学
张子晗	郑州大学	赵一江	西安建筑科技大学	周广飞	济南大学
章雪璐	浙江工业大学	赵亦航	沈阳建筑大学	周慧杰	厦门大学
章治仪	湖北工业大学	赵于畅	合肥工业大学	周慧云	山东建筑大学

5 竞赛名录

周杰	合肥工业大学	朱文博	武汉理工大学
周俊杰	南京工程学院	朱相臣	天津大学
周茂文	北京建筑大学	朱筱雨	浙江工业大学
周盟珊	北京交通大学	朱雪峰	重庆大学
周梦抒	天津大学	朱雪晴	厦门大学
周明露	安徽建筑大学	朱叶	中央美术学院
周少卿	烟台大学	朱懿忻	大连理工大学
周淑君	西安建筑科技大学	朱颖倩	南京工业大学
周思文	东南大学	朱游学	南京工业大学
周文君	西安建筑科技大学	朱雨琪	东南大学
周文欣	西安建筑科技大学	朱玉沁	北京工业大学
周雯雯	西安建筑科技大学	朱占威	安徽建筑大学
周宪凯	河南科技大学	祝靖潇	北京建筑大学
周笑	南京工业大学	祝婉玲	湖南大学
周雪松	同济大学	祝小蕊	郑州大学
周翼	湖北工业大学	祝逸琳	河北工业大学
周虞子	中南大学	庄越璐	苏州科技大学
周雨墨	湖南大学	宗怡微	华中科技大学
周雨阳	东南大学	邹凌帆	西安建筑科技大学
周泽贤	西安建筑科技大学	邹雅眉	郑州大学
周喆旻	华侨大学	邹雨薇	郑州大学
周子涵	东北大学	邹钰	山东建筑大学
周子玉	北京交通大学	邹仲凌	重庆交通大学
朱倍莹	西安建筑科技大学	祖毓秀	安徽建筑大学
朱聪哲	哈尔滨工业大学	左润雪	济南大学
朱华瑶	中央美术学院	左汶鑫	山东建筑大学
朱嘉慧	中央美术学院		
朱静玥	西安建筑科技大学		
朱凌云	南京大学		
朱鹏程	河北工业大学		
朱诗瑶	武汉大学		
朱帅	安徽建筑大学		
朱思悦	大连理工大学		

初赛评委名录

共122人,按所属学校拼音首字母排序

安徽建筑大学
解玉琪　王　薇　徐雪芳　周庆华

北京建筑大学
马　英　郝晓赛

北京交通大学
程力真　潘　曦　万　博　周艺南

长沙理工大学
何　川　胡颖荭　黄筱蔚

大连理工城市学院
李　茉

大连理工大学
李慧莉　张险峰

东南大学
焦　键　唐　芃　张　彧　朱　渊

广东工业大学
陈　丹　林垚广　倪　红

广州大学
常清华　姜　省　万丰登　席明波

哈尔滨工业大学
陈　旸　刘　滢　薛名辉　于　戈

合肥工业大学
曹海婴　黎启国　刘　阳　刘　源
苏剑鸣

河北工业大学
方　丽　胡英杰　赵春梅　赵小刚

河南大学
梁春杭　张　帆

湖北工业大学
程　雯　尚　伟　孙　靓　唐艺窈

湖南大学
陈　娜　卢健松　章　为　邹　敏

华南理工大学
陈昌勇　苏　平　王　擎　钟冠球

华侨大学
陈晓向　施建文　徐逶迤　薛佳薇

昆明理工大学
华　峰　谭良斌　吴志宏　叶涧枫

昆明理工大学城市学院
陈　俊

兰州理工大学
孟祥武

南昌大学
马　凯　聂　璐　肖　芬　叶雨辰

南京工业大学
沈晓梅　周　扬

内蒙古科技大学
孙丽平　魏　融　殷俊峰

诺丁汉大学宁波分校
李文娟

青岛理工大学
王少飞

厦门大学嘉庚学院
董立军　杜　波

厦门理工学院
高　燕　黄庄巍　刘　静

山东建筑大学
门艳红　任　震　赵　斌

深圳大学
陈佳伟　王浩锋　肖　靖

苏州大学
张　靓

天津大学
贡小雷　魏力恺　许　蓁　张昕楠

武汉大学
童乔慧

西安建筑科技大学
梁　斌　靳亦冰　颜　培

西安交通大学
雷耀丽　刘　怡　竺剡瑶

西北工业大学
李　静　刘京华　宋　戈

西华大学
陈煜蕊　丁　玎　钟　健

西南民族大学
麦贤敏

烟台大学
高宏波　贾志林　任彦涛　张　巍

云南财经大学
李　楠

云南大学
李志英　撒　莹　王　玲　徐　坚

郑州大学
陈伟莹　徐维波　张　帆　张彧辉

中央美术学院
丁　圆　刘文豹　周宇舫　虞大鹏

5 竞赛名录

组委会名录
共6人

总负责

张嵩

成员

葛明　韩冬青　唐斌　张敏　张嵩　张愚

志愿者名录
共62人

总负责

许文锦

外联组

戴若兰（组长）
崔德润　冯春　黄海麓
李祎　梁奔　刘琦琳
钱爱萍　宋佳鸿　田野
王佳钺　薛童　伊丹阳
伊晓然　张浩天

现场组

刘轩轩（组长）
丁雨潇　兰馨悦　李佳易
李醒　林俏肖　刘伦海
刘子玉　王鑫　夏聪慧
张美钰　张清琳　张如嫣
张源铭　周雨阳

网络组

马雨琪（组长）
董炫旻　甘宇　葛祎明
李幸儒　刘逸卓　漆紫莹
王慧妍　吴捷文　吴绮怡
谢绮宁　许倍源　杨俊杰
殷烨　朱建皓

宣传组

简俊任（组长）
格桑白珍　关嘉钰　郝思远
呼文康　李帅杰　李思恒
梁骞　彭易圣　汤品娴
王楚亭　徐琪瑶　叶书涵
张淋晶　赵峻柯　庄毓蓉

致谢

■ 主办单位：

东南大学建筑学院

东南大学建筑设计有限公司

■ 协办媒体：

《建筑学报》杂志

■ 纪念品赞助：

东南大学六朝松纪念品专营店

■ 微信官方平台：

建筑新人赛 CHN

内容提要

本着学生自主、开放透明、重在交流的宗旨,2019年,第七届"东南·中国建筑新人赛"如期举行,共收到全国110所院校建筑学专业1~3年级学生提交的近1500份作业,经各校130名教师网络初评,选出100件优秀作品,于盛夏展于东南大学;再由评委团选出其中16件作品进行现场答辩,最终决出BEST2参加"亚洲建筑新人赛"总决赛。

较之往届,本次赛事参与师生更多,尤其是一年级学生投稿明显增多;复赛作品的覆盖面更广;优秀作品中以复杂城市环境、居住类、中型作品为主,自由发挥减少。本书全程记录了2019年赛事,刊登了排名前100的佳作,让人领略各校建筑设计课程教学的特色、建筑新人们的创意和表达,提供学习、交流的良机;书中对赛事的回顾、分析以及评委给予建筑新人的评点、寄语,亦促人思考我国建筑设计教学的问题和发展趋向;期望建筑新人们由此获得启发并相互激励,使得"新人赛"成为促进建筑教学更好发展的有力平台。

本书可供建筑学及相关专业师生以及对设计及教学感兴趣者阅读、参考。

图书在版编目(CIP)数据

2019东南·中国建筑新人赛/张嵩,唐斌,张愚主编.—南京:东南大学出版社,2020.12
 ISBN 978-7-5641-9234-1

Ⅰ.①2… Ⅱ.①张…②唐…③张… Ⅲ.①建筑设计–作品集–中国–现代 Ⅳ.①TU206

中国版本图书馆CIP数据核字(2020)第228885号

2019东南·中国建筑新人赛
2019 DONGNAN·ZHONGGUO JIANZHU XINRENSAI

主　　编	张　嵩　唐　斌　张　愚
出版发行	东南大学出版社
社　　址	南京市四牌楼2号　　邮编:210096
出 版 人	江建中
责任编辑	朱震霞　姜　来
网　　址	http://www.seupress.com
电子邮箱	press@seupress.com
经　　销	全国各地新华书店
印　　刷	南京新世纪联盟印务有限公司
开　　本	787mm×1 092mm　1/16
印　　张	12.25
字　　数	250千字
版　　次	2020年12月第1版
印　　次	2020年12月第1次印刷
书　　号	ISBN 978-7-5641-9234-1
定　　价	80.00元

本社图书若有印装质量问题,请直接与营销部联系。电话:025-83791830

Contest of Rookies Award for Archi Students

Habitation and Nature